"十三五"江苏省高等学校重点教材

编号：2017-2-084

化学工程与工艺专业综合实验

HUAXUE GONGCHENG YU
GONGYI ZHUANYE ZONGHE SHIYAN

崔正刚　张磊　主编

U0228982

化学工业出版社

·北京·

本书是为化学工程与工艺专业(精细化工方向)综合实验编写的一部教材,内容覆盖了《化学反应工程》《化工热力学》《精细有机合成》《精细化学品工艺学》等课程的有关实验内容。包括综合实验基础知识、化工专业综合实验的安全与环保、化学工程实验、表面活性剂合成实验、洗涤用品配方设计与性能评价实验、洗涤用品剖析实验、常用测定评价方法,共包含了 26 个实验。

　　本实验教材所设计和包括的实验项目前后相关,一些实验的产品可能是另一些实验的原料。根据具体的教学要求,既可以设计为单元操作实验,也可以设计为综合性实验或者研究性实验,适合为高年级本科生以及研究生开设,也可供从事精细化工产品研究、开发和生产的科研人员和工程技术人员参考借鉴。

图书在版编目（CIP）数据

　　化学工程与工艺专业综合实验 / 崔正刚,张磊主编.
—北京：化学工业出版社，2018.11
　　ISBN 978-7-122-32990-5

　　Ⅰ.①化…　Ⅱ.①崔…　②张…　Ⅲ.①化学工程-化学实验-高等学校-教材　Ⅳ.①TQ016

　　中国版本图书馆 CIP 数据核字（2018）第 207852 号

责任编辑：李晓红　张　欣　　　　　　　　　装帧设计：王晓宇
责任校对：王　静

出版发行：化学工业出版社（北京市东城区青年湖南街 13 号　邮政编码 100011）
印　　装：河北鹏润印刷有限公司
710mm×1000mm　1/16　印张 16　字数 308 千字　2018 年 9 月北京第 1 版第 1 次印刷

购书咨询：010-64518888　　售后服务：010-64518899
网　　址：http://www.cip.com.cn
凡购买本书,如有缺损质量问题,本社销售中心负责调换。

定　　价：49.00 元　　　　　　　　　　　　　版权所有　违者必究

前言

"化学工程与工艺"是我国高校开设最多的本科专业之一。近年来，随着工程类专业"工程教育认证"工作的开展，专业综合实验得到了进一步的重视和加强。江南大学化学与材料工程学院的化学工程与工艺专业，前身为"日用化工"和"精细化工"专业，目前为国家级特色专业，于2018年通过了教育部高等教育教学评估中心和中国工程教育专业认证协会组织的"工程教育认证"。长期以来，本专业为高年级学生开设了精细化工工艺实验，近年来又逐步增加了化学工程类实验，使学生获得了良好的实践性训练。通过开展"工程教育认证"工作，对照相关标准和寻找差距，我们认为需要进一步加强化学工程与工艺专业的综合实验教学工作，尤其是教材建设。在这一背景下，我们组织了《化学工程与工艺专业综合实验》教材的编写，并将其列入了江苏省"十三五"重点教材建设规划。

"化学工程与工艺专业综合实验"是本科教学中的一个重要实践性环节，旨在让学生学习、了解和掌握相关的化工实验技术、实验设备以及实验方法。不同于基础化学实验，专业综合实验具有综合性、研究性、设计开发性以及开放性，其目的不仅仅是为了验证一个原理、观察一种现象或者寻求一个普遍适用的规律，更在于为一个具有明确工业背景的化学工程、化学工艺或者化学工程与工艺问题提供有效的解决方案。因此本教材注重使学生通过化工专业综合实验的训练和实验报告的撰写，能够较系统地理解相关科学原理，比较和选择不同的工艺路线，进而设计、制订实验方案，搭建实验装置和进行实验操作，正确采集实验数据并进行分析，锻炼学生在限定条件下"分析问题、解决问题、总结问题"的能力，以及科学处理实验数据和正确撰写研究报告的能力，为将来解决复杂化学工程与工艺问题打下理论和实践基础。同时通过以小组为单位的合作实验，培养学生的团队协作精神。

根据"工程教育认证"对工程类专业实验解决复杂问题的要求，本书在江南大学教学讲义《精细化工工艺实验》的基础上进行了扩充，增添了化工专业综合实验基础知识、化学工程实验。鉴于近年来对实验室安全与环保的重视和关注，本书用较大的篇幅阐述了相关内容和要求，以培养学生正确的安全观和绿色环保观。

《化学工程与工艺专业综合实验》全书共分七章，内容分别为：①化学工程与工艺专业综合实验基础知识；②化工专业综合实验室安全与环保；③化学工程实验；④表面活性剂合成实验；⑤洗涤用品配方设计与性能评价实验；⑥洗涤用品剖析实验；⑦常用测定评价方法。此外，附录部分涵盖了常用的表格与数据、相关仪器使用说明及表面活性剂相关常用标准。该实验教材覆盖了本专业基础化学实验以外的专业实验教学内容，包括化学工程实验、精细有机合成综合实验、应用化学综合实验和精化工艺综合实验等。由于江南大学化学工程与工艺专业的"日用（精细）化工"特色，本教材中较多地选用了表面活性剂及其制品的合成、配制（方）、成型以及产品剖析等作为实验内容。

本实验教材由江南大学化学与材料工程学院长期从事化学工程与工艺专业教学的教师和实验指导教师（崔正刚、张磊、倪邦庆、蒋建中、刘学民、白桦、宋冰蕾、胥月兵）联合编写。张磊对全书进行了整理、修订和核对工作，全书最后由崔正刚教授审阅定稿。

作者在编写本实验教材时广泛参考了国内外已经出版的相关实验教材、期刊论文、国家和行业标准以及相关的实验设备操作指南等。本书在书尾列出了这些参考文献，作者在此向所有被引文献的作者和仪器供应商表示衷心的感谢和敬意。本实验教材的编写和出版得到了江南大学及化学与材料工程学院的全力支持和帮助，作者在此向相关领导和教师表示衷心的感谢！

限于作者水平，书中难免出现疏漏和不妥之处，敬请读者批评指正。

崔正刚，张磊

2018 年 7 月 20 日

目录

第五章 洗涤用品配方设计与性能评价实验

第六章 洗涤用品剖析实验

第七章 常用测定评价方法

附 录

第一章

化学工程与工艺专业
综合实验基础知识

化学工程与工艺专业综合实验是本科教学中的一个重要实践性环节，旨在让学生初步了解和掌握相关专业的实验技术、设备和研究方法。专业实验显然不同于基础实验，实验目的不仅仅是为了验证某个原理、观察某种现象或者寻求某个普遍适用的规律，而是为具有明确工业背景的某个化学工程与工艺的问题提供有效的解决方案，因而具有综合性、研究性、开发性和开放性。通过这种综合实验的训练，有利于学生系统地理解科学原理，初步具备实验方案设计、路线选择、仪器和设备安装、实验数据的处理和实验报告的撰写等方面的能力。

第一节　综合实验的程序与要求

一、实验流程

为了使综合实验教学实践达到良好的效果，实验者应当根据指导教师布置的任务，查找文献资料，确定技术路线和方法，检查实验装置和设备，撰写实验方案，然后开展实验。在实验过程中，实验者要注意实验安全，认真观察和记录实验现象，最后撰写和提交实验报告。而指导教师应在现场指导，对学生撰写的实验方案以及后期的实验报告进行多次的评价反馈，如图1所示。

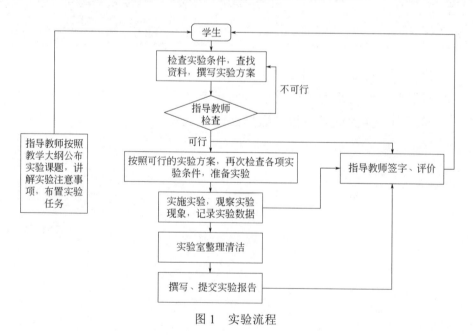

图 1　实验流程

二、实验记录

（一）一般要求

（1）实验的原始记录须记载于实验记录本上，有连续的页码编号，不得缺页或剪贴，不得记在单张的纸片上。

（2）实验记录本的首页一般作为目录页，稍后或实验结束时填写。

（3）每次实验须在记录本相关页码的右（或左）上角记录日期（年、月、日）和时间，并记录实验条件如天气、温度、湿度、大气压等。

（4）记录要求字迹工整，采用规范的专业术语、计量单位及外文符号，英文缩写第一次出现时须注明全称及中文释名。使用蓝色或黑色钢笔、碳素笔记录，不得使用铅笔或易褪色的笔（如油笔等）记录。

（5）实验记录内容要详实，保证长时间后别人仍能看懂。例如称量某种物质，必须明确记录称取×××多少克，而不能记录为 $w=$ 多少克，因为长时间后可能就不知道称取的是什么物质了。实验记录中应如实记录实际所作的实验内容，相关的实验结果、表格、图表和照片等均应直接记录或订在实验记录本中，成为永久记录。

（6）实验记录需修改时，可采用划线方式去掉原书写内容，但须保证其仍可辨认，然后在修改处签字，避免随意涂抹或完全涂黑。

（7）实验结束后，学生应将实验记录本交给指导教师评价、签字，自己可拍照留存。实验记录本作为实验教学和科研的必备文件，在实验完成后应作为实验档案保留在实验室。

（二）记录内容

（1）日期（年、月、日）、时间、环境条件（如温度、湿度等）。

（2）实验人员。

（3）实验名称。

（4）实验目的。

（5）实验材料　试剂（名称、批号、生产厂家、浓度、保存条件等）；仪器（名称、型号、供货厂商）。

（6）实验方法　详细描述实验步骤和出现的实验现象（包括气体产生，沉淀产生，颜色变化，温度、压力、流量变化等）。

（7）实验结果　包括所收集到的原始数据、可视图及实验结果的整理等。

（8）出现的问题　若发现实验现象异常或结果与预想、理论不符，需如实记录，并分析可能的原因及解决方法。

（9）实验小结　简短的实验结果总结和解释，包括主要结论、存在问题、方法改进建议和实验体会等。

三、实验报告

撰写实验报告是实验的最后一项工作。实验报告是对实验过程进行系统概括与全面总结的文字材料，是培养学生分析问题、解决问题、归纳总结问题以及书写表达能力的重要环节，促使学生把感性认识上升到理性认识。独立完成的实验报告可以在一定程度上反映学生的学习态度、实际水平与能力。同时写好实验报告也能为学生将来写好研究报告和科研论文打下坚实的基础。

实验报告的撰写需要遵循原始性、纪实性、实验性、严谨性的特点，不特别要求创新性，甚至允许实验失败。

实验报告的内容与格式一般如下：

1. 实验名称

要用最简练的语言反映实验的内容。

2. 学生姓名、学号及小组成员

3. 实验日期（年、月、日）和地点

4. 实验目的

实验目的要明确，可以是理论上验证定理、公式、算法等，使实验者获得深刻和系统的理解，也可以是实践训练，掌握实验设备的使用技能、技巧和程序的调试方法等。一般需说明是验证型实验还是设计型实验，是创新型实验还是综合型实验。

5. 实验内容

这是实验报告中的重要内容。可以从理论和实践两个方面考虑，写明依据何种原理、定律算法或操作方法进行实验，给出详细的理论计算过程。

6. 实验设备与材料

实验所用到的设备和材料如化学试剂等，包括反应装置图。

7. 实验步骤

简明扼要地写明主要操作步骤，不要照抄讲义或教材，尽量采用图表或流程图的方式来表达，配以相应的文字说明。

8. 实验结果

包括观察到的实验现象，实验数据及其处理等。原始资料应附在本次实验主要操作者的实验报告上，同组合作者可复制原始资料。

对于实验结果的表述，一般有三种方法：

（1）文字叙述　根据实验目的，将原始资料系统化、条理化，用准确的专业术语客观地描述实验现象和结果，要体现时间顺序以及各项指标在时间上的关系。

（2）图表　用表格或坐标图的方式给出实验结果，这种方式清晰、明了，便于相互比较，尤其适合分组较多，各组观察指标一致的实验，使组间的异同一目了然。每一图表应有标题和计量单位，能说明一定的中心问题。

（3）曲线图　仪器所带记录仪给出的曲线图，变化趋势形象生动、直观明了。在实验报告中，可任选其中一种或几种方法，以获得最佳效果。

9．讨论

根据相关的理论知识对所得到的实验结果进行解释和分析。如果所得到的实验结果和预期的结果一致，那么它可以验证什么理论？实验结果有什么意义？说明了什么问题？这些是实验报告应该讨论的。但是注意，不能用已知的理论或生活经验硬套在实验结果上，更不能由于所得实验结果与预期的结果或理论不符而随意取舍甚至修改实验结果。出现这种情况时应该分析结果异常的可能原因，如果实验失败了，应找出失败的原因、再次实验时应注意的事项。

另外，也可以写一些有关本次实验的心得体会，提出一些问题或建议等。

10．结论

结论不是具体实验结果的罗列，也不是对今后研究的展望，而是针对本次实验所能验证的概念、原则或理论的简明总结，是从实验结果中归纳出的一般性、概括性的判断。要求简练、准确、严谨、客观。

11．参考资料

详细列举在实验中所用到的参考资料。

第二节　专业综合实验的组织与实施

化学工程与工艺专业综合实验的组织与实施与科研工作的组织和实施相类似，原则上可分为三个阶段，即前期准备、实验方案的制订和实施。学生在明确实验任务后，需要完成前期的实验场地等条件的考察和文献资料的查询、收集与整合。在尽可能掌握与实验项目有关的研究方法、基础参数和检测手段的基础上，通过对技术路线的优选、实验方案的设计、实验设备的选配、实验流程的组织与实施最终完成实验工作，并通过对实验结果的科学分析与评价，获取最有价值的结论。

一、前期准备

（一）实验条件考察

考察实验条件是进行专业综合实验的必要环节，也是对学生将来从事研究开发的一项必要训练。由于实验场地的限制，综合实验训练必然限定在一定的范围内，属于可控的和安全的，而不是天马行空的。因此，在接受实验任务后，实验者需要对实验条件进行现场考察，包括整体实验场地、安全规章制度、防护设施、安全急救设施、药品清单、玻璃仪器清单、实验设备和分析设备以及其它相关条件等。实验条件限定了技术路线和实验方法的选择，是拟定实验方案的先决条件。

（二）文献资料检索

科学发展史证明，没有科学上的继承和借鉴，就没有提高；没有科学上的交流和综合，就没有发展。在当代信息条件下，科学上的继承和借鉴、交流和综合主要是通过文献检索来实现的。任何一项科研事业的起步，都必须从查阅科技文献和进行调查研究开始，这样可以减少重复劳动，吸取别人的经验教训，避免或少走弯路。文献资料就是"巨人的肩膀"，从许多实践经验看，科学研究中出现的各种问题，包括基础研究和应用开发研究，绝大部分需要而且可以通过文献检索获得启发、帮助和解决。因此，拥有文献资料的检索能力是化学化工人才培养的重要一环。

1. 文献资料的分类

文献资料的来源和形式多种多样。根据不同的分类方法，可以有加工层次法，出版形式法等。其中加工层次法是根据文献的加工层次，将文献分为零次文献、一次文献、二次文献和三次文献。例如：实验记录、手稿等属于零次文献，期刊发表的原始论文属于一次文献，文摘、各种检索工具等属于二次文献，而综述类文章、专题述评、进展报告、数据手册等则属于三次文献。随着加工次数的升高，文献由分散到集中，由无组织到系统化，实际检索中可以根据需要选择检索文献的层次。出版形式法根据文献的出版形式进行分类。表 1 给出了不同出版形式的文献，各种类型的文献各有特点，各有所用。例如：学术期刊是科学研究的主要信息源；科技图书是了解学科领域的背景资料和入门指导；会议文献是科技动态信息重要来源；开展技术革新、新产品试制，专利文献和技术标准是不可缺少的参考资料。

表 1　不同出版形式的文献

分　类	解　释
科技图书	科技图书是对已发表的科研成果、生产技术或经验，或者某一知识领域的系统论述或概括；主要包括学术专著、工具书和教科书三种类型
期刊	期刊一般指具有固定刊名，有连续的年、卷、期号的连续出版物
科技报告	科技报告是关于某项研究成果的正式报告，或者是对研究过程中每个阶段进展情况的实际记录
专利文献	主要指专利说明书，它是专利申请人向专利主管机构递送的有关技术发明创造的书面文件
学位论文	学位论文是指作者为取得专业资格的学位而撰写的介绍自己研究成果的文献
会议文献	会议文献也称会议资料，有学术会议报告、记录、论文集及其它文献
标准文献	标准文献是指技术标准、技术规范和技术法规等，主要包括 ISO 标准、ASTM 标准、国家标准、行业标准等
技术档案	技术档案是指具体工程建设及科学技术部门在技术活动中形成的技术文件、图纸、图片、原始技术记录等资料
政府出版物	政府出版物是各国政府部门及其所属的专门机构发表、出版的文件

分　类	解　释
产品资料	产品资料通常指产品样本、产品目录及产品说明书，其中产品说明书是对定型产品的性能、构造原理、用途、使用方法和操作规程、产品规格等所作的具体说明
数据库	数据库是以网络为基础的文献来源，除包括上述文献来源以外，还有化学物质的结构、图谱、性质等信息

2. 常用数据库和搜索引擎

随着计算机和互联网技术的发展，绝大部分的化学化工文献资源都可以从公开的互联网上找到，文献检索的形式也从手工检索逐步过渡到计算机检索。常用的文献资源有文献数据库（表2）、专利数据库（表3）以及学术搜索引擎（表4）等。

表 2　常用数据库

数据库	语言	类　型	网　址
中国知网 CNKI	中文	电子期刊、学位论文	www.cnki.net
万方数据知识服务平台	中文	电子期刊、学位论文	www.wanfangdata.com.cn
维普期刊资源整合服务平台	中文	电子期刊	www.cqvip.com
超星数字图书馆	中文	电子图书	edu.sslibrary.com
读秀	中文	电子图书	www.duxiu.com
百链	中文	电子图书	www.blyun.com
JCR 期刊分区数据在线平台	中文	引文与索引、事实/数据	www.fenqubiao.com
中国科学文献服务系统	中文	引文与索引、文摘	www.sciencechina.cn
美国化学文摘库	外文	文摘	scifinder.cas.org
Elsevier ScienceDirect 电子期刊、电子图书	外文	电子图书、电子期刊	www.sciencedirect.com
Web of Science-SCIE 引文索引数据库	外文	引文与索引、文摘	www.webofscience.com
IEEE/IEE Electronic Library（IEL）数据库	外文	电子期刊	ieeexplore.ieee.org
SpringerLink 全文期刊和图书数据库	外文	电子图书、电子期刊	link.springer.com

表 3　常用专利数据库

数据库	网　址	介　绍
中国国家知识产权局	www.pss-system.gov.cn	收录了 1985 年以来公开（告）的全部中国发明、实用新型、外观设计专利的中文著录项目、摘要和法律状况信息及全文说明书图像
中国知识产权网	www.cnipr.com	中国 1985 年以来的全部专利文献，包括专利说明书全文。收录瑞士、德国、英国、法国、美国、日本、欧洲专利局、世界知识产权组织自 20 世纪 70 年代以来的专利信息，可直接查阅英文原文的相关信息

数据库	网　　址	介　　绍
欧洲专利局 esp@cenet 网站	https://worldwide.espacenet.com	通过欧洲委员会、欧洲专利组织成员国专利局和欧洲专利局等提供用户免费专利信息资源
美国专利商标局网站	www.uspto.gov	免费提供两种独立的可检索授权的 US 专利数据库及公开专利申请数据库
日本专利局工业产权数字图书馆	www.jpo.go.jp	提供免费检索和获取 4000 余万份日本专利文献
世界知识产权组织 WIPO 网上专利数据库	www.wipo.int	包括了 1997 年 1 月以后公开的所有 PCT 申请说明书扫描图形页

表 4　常用学术搜索引擎

搜索引擎	语言	网　　址	介　　绍
Google 学术	外文	Scholar.Google.com	全方位搜索文献
百度学术	中文	xueshu.baidu.com	全方位搜索文献
Bing 学术	外文	www.bing.com/academic	全方位搜索文献
中国化工网	中文	China.chemnet.com	化工产品数据库
化学网	外文	www.chemweb.com	大量免费化学信息

3．查询步骤和方法

进行文献检索时，根据文献的出版形式或者加工层次，有不同的具体步骤和方法。其中文献检索过程一般包括：

① 分析研究课题，明确检索范围及要求；

② 选择检索系统，选择检索工具、确定检索标识；

③ 确定检索途径和检索方法；

④ 查找文献线索；

⑤ 查找和获取原始文献。

文献检索的基本要求是"广、快、精、准"。检索的方法主要包括：

① 直接检索法，从浏览查阅原始文献中直接获取所需的文献；

② 引文法，利用文献末尾所附的"参考文献"进行追溯查找，此方法所查询文献不成体系，往往有缺漏；

③ 工具法，即利用检索工具如搜索引擎、数据库检索、文摘数据索引等查找，是查找文献的主要方法，具体可以运用细分顺查、倒查和抽查等方法；

④ 循环法，这种检索方法实际上是以上几种方法相互交替的使用过程。各种检索方法各有优缺点，采用什么检索方法，要看检索条件和具体要求而定。

4．文献的鉴别和筛选

对于用户来说，文献资料有相关性区别和重要性之分。欲要加以利用，就离不开对文献的鉴别与筛选。文献资料的鉴别，主要是分析判断文献的可靠性（表5）、先进性（表6）和适用性（表7）。筛选则是在鉴别的基础上，对文献资料进行取舍，剔除陈旧的、重复的、无关的资料与内容，保留或提炼出有价值的文献和知识内容。实践中，鉴别与筛选两者几乎同步进行，对文献进行鉴别的同时，对文献进行筛选。

表5　文献的可靠性判断

判断方法	解　　释
内容	对报道科研成果的文献，注意逻辑推理是否严谨，有无实验数据为依托；对有关应用技术文献，注意是处于实验室研究阶段，还是处于生产应用阶段
密级	秘密和内部资料比公开资料的可靠性大
类型	科技图书、科技报告、专利文献、技术标准、技术档案比其它类型的文献可靠性大；最终报告比进展报告的可靠性大
渠道	官方来源比私人来源的文献可靠性大；从专业研究机构来的文献比从一般社团来的文献可靠
出版单位	著名大学、著名科研单位、著名出版社出版的文献可靠性大；一些著名学会、协会创办、出版的期刊论文也比较可靠
作者	国内外知名学者、专家、教授、工程师撰写的文章所提供的情况比较可靠
引用率	引用率高的文献可靠性大

表6　文献的先进性判断

判断方法	解　　释
时间	出版或发表的时间越近，可能越先进
经济效果	从产量、质量、品种、成本、劳动生产率、利润等技术经济指标来衡量一项技术的经济效果优劣，经济效果优者一般较为先进
评论	国内外有关专业期刊往往有同行专家评论，从这些评论中一般可知道它是否先进
渠道	技术先进国家发表的资料先进；高影响因子的期刊互相转载的资料先进

表7　文献的适用性判断

判断方法	解　　释
内容	文献资料中介绍的技术和提供的原料、工艺、产品等是否合乎国情。一般来说，来自科学技术发展处于同一水平、同一发展阶段、自然条件相似的国家或地区的文献资料，适用性较大
读者	一般读者越多，使用价值越大；读者的职业面越宽，技术的适用范围越广

（三）技术路线和方法的选择

技术路线和方法的选择，是建立在实验室现有条件和对文献资料的调查总结基础之上的。由于化学工程与工艺专业综合实验是以解决复杂化学工程与工艺问题为背景，所涉及的内容十分广泛，并且不同的实验具有不同的实验目的、不同的研究对象特征以及不同的系统复杂程度。实验者要想高效率地完成实验，必须对实验的技术路线和方法进行选择。通过认真调查研究、总结和借鉴前人的研究成果、依靠化学知识的理论指导和科学的实验方法论，在实验设计时，实验者能够寻找到最合适的技术路线和最有效的实验方法。具体选择时，一般可以从如下角度来考虑：实验场地条件，实验技术成熟度，实验的经济性，实验的安全性，资源利用以及环境保护等。

例如：在十二烷基苯磺酸钠制备实验中，需要对十二烷基苯进行磺化，理论上可行的磺化技术路线有：①浓硫酸磺化法；②发烟硫酸磺化法；③气体三氧化硫磺化法。

已知工业上一般采用气体三氧化硫磺化工艺，因为该工艺最符合原子经济学，没有副产物产生，反应速度也快，可以连续化生产。然而在一般的化学实验室，难以获得气体三氧化硫。尽管通过发烟硫酸或液体三氧化硫蒸发可以获得气体三氧化硫，但设备较复杂，不能同时供给多套装置使用，因此该路线不适合用于教学实验。而发烟硫酸磺化工艺简单、成熟。近年来，发烟硫酸的供应受到管制，在这种情况下，只能采用浓硫酸磺化法，因此本教材选择了发烟硫酸和浓硫酸磺化工艺。发烟硫酸和浓硫酸都是腐蚀性极强的强酸，使用过程中要注意安全，避免与皮肤接触。

二、实验方案的制订

（一）实验内容的确定

在完成实验的前期准备之后，需要考虑具体的实验内容。实验内容的确定应以实验目的为中心，针对关键目标有的放矢地开展实验。不同的实验有不同的目的，实验研究具有不同的侧重点。例如，在表面活性剂的合成实验中，研究的重点一般是如何通过控制反应条件来获得高转化率或产率，抑制副反应；而在配方设计实验中，研究的重点则是配方组成和含量对产品性能的影响。因此，在确定实验内容前，要对研究对象进行认真的分析。

通常，实验内容主要包括实验指标、实验因子和因子水平的确定三个环节。

1．实验指标的确定

实验指标是指为达到实验目的而必须通过实验来获取的一些表征实验研究对象特征的参数。实验指标随实验目的和研究的着眼点不同而变化，与实验目的密切相关。例如精馏实验中的产品纯度，动力学实验中的反应速率，工艺实验中的转化率、收率和选择性，配方实验中产品的功效或性能等。

10

2．实验因子的确定

实验因子是指那些可能对实验指标产生影响，必须在实验中直接考察和测定的工艺参数或操作条件，常称为自变量，如温度、压力、流量、原料组成、催化剂种类、催化剂浓度、搅拌强度等。确定实验因子时必须注意，实验因子必须具有可检测性，实验因子与实验指标之间具有明确的相关性。简单的预实验是确定实验因子与实验指标相关性的可行办法。

3．因子水平的确定

因子水平是指各实验因子在实验中的具体状态（取值），一个状态代表一个水平。例如实验温度分别取 50℃、100℃、150℃，则称温度有三个水平。

在选取变量水平时，要注意变量水平变化的可行域。所谓可行域，是指因子水平的变化在工艺、工程及实验技术上所受到的限制，通俗地讲就是因子水平的上下限。例如催化剂浓度的上下限，气体流速的上下限，温度控制范围，原料的初始浓度水平，原料的来源和纯度要求等。因此，在专业综合实验中，确定各变量的水平前，需要充分考虑实验项目的工业背景及实验本身的技术要求，合理地确定因子水平。

（二）实验设计

实验设计是数理统计学的重要分支，是一种用于决定数据收集的方法。实验设计根据已确定的实验内容，拟定一个具体的实验安排表，以指导实验的进程。只有科学地进行实验设计，才能以低成本的方式获取有效数据，达到预期目标。反之，不合理的实验设计，则会使实验事倍功半，甚至劳而无功，浪费大量的时间、人力、物力和财力。

进行科学的实验设计，应对所研究的问题有深入的认识，如着重考察影响实验的因素、每个因素的水平以及预期的实验目标等。只有这样，才能减少实验的盲目性，使实验过程更有计划性，达到科学安排实验的目的。

化学工程与工艺专业综合实验中，通常会涉及多变量、多水平的实验设计。由于不同变量和不同水平所构成的实验点在操作可行域中的位置不同，对实验结果的影响程度也不一样。因此，如何安排和组织实验，用最少的实验获取最有价值的实验结果，是实验设计的核心内容。

随着科学研究和实验技术的发展，实验设计的方法也经历了由经验向科学的发展过程。目前较为成熟、具有代表性的实验设计方法包括析因设计法、正交实验设计法、序贯实验设计法、均匀实验设计法和配方设计法等。以下分别对这几种方法作简要介绍。

1．析因设计法

析因设计也叫全因子实验设计，就是将实验中所涉及的全部实验因子的各水平全面组合，形成不同的实验条件，逐一考察各因子的影响规律。析因设计法是一种多因子的交叉分组设计方法，它不仅可检验每个因子水平间的差异，而且可以检验各因子间的交互作用。两个或多个因子之间如果存在交互作用，则表示各因子之间不是相互独立的，而是一个因子的水平有改变时，另一个或几个因子的效应也相应有所改变。反之，如果不存在交互作用，则表示各因子具有独立性，一个因子的水平有所改变时不影响其它因子的效应。化工实验中通常采用单因子变更法，即每次实验只改变一个因子的水平，其它保持不变，以考察因子的影响。如在产品制备的工艺实验中，常采取固定温度、原料配比、搅拌强度或进料速度，考察反应时间的影响；或固定温度、反应时间等其它条件，考察原料配比的影响等。

析因设计的最大优点是所获得的信息量很多，可准确地估计各实验因子主效应的大小，还可以估计因子之间的各级交互作用效应的大小。最大缺点是当所考察的实验因子和水平较多时，需要较多的实验次数，因此耗费的人力、物力和时间也较多。例如一个三因子四水平实验，要完成所有因子的考察，其实验次数 n、因子数 N、因子水平 K 之间的关系为 $n=K^N$，可知总的实验次数将达到 $4^3=64$ 次。显然该法的实验工作量极大。实际应用该法时，可以通过限定条件适当减少实验次数，例如因子和水平数不超过 4，且不可同时为 4。在多因子多水平的系统进行工艺寻优实验中，该法应谨慎使用。

2. 正交实验设计法

正交实验设计法是根据正交配置的原则，从各因子各水平的可行域空间中选择最有代表性的搭配来组织实验，综合考察各因子的影响。正交实验设计由于具有优良的均衡分散性和整齐可比性，其设计的实验点具有强烈的代表性，在工艺条件寻优、反应动力学方程研究等多因素实验设计中，往往能以比较少的实验次数，分析出各因子的主次顺序以及对实验指标的影响规律，筛选出满意的实验结果。正交实验法应用广泛，具有卓越的经济效益，是多因子实验设计中的常用手段。

正交实验设计所采取的方法是制订一系列规格化的实验安排表供实验者选用，这种表格称为正交表。正交表的表示方法为 $L_n(K^N)$，其中，L 表示正交表的代号，n 表示实验的次数，K 表示实验水平数，N 表示列数，也就是可能安排的最多因子个数。

正交实验设计的步骤可简单归纳如下：

（1）明确实验目的，列出实验条件表　任何实验都是为了解决一个或若干个具体问题而进行的，所以任何一个正交实验都应该有一个明确的目的。应根据实际问题具体分析，选择需要考察的因子和因子水平，并以表格的形式列出。

（2）选用正交表，进行表头设计　因子水平一定时，选用正交表应从实验的精度要求、实验工作量及实验数据处理三方面加以考虑。一般原则是：实验因子数≤正交表列数，实验因子的水平数与正交表对应的水平数一致。在满足上述条件的前提下，可选择较小的表，减少实验的次数，以节省时间和工作量。

表头设计就是将各因子正确地安排到正交表的相应列中。安排因子的次序是，先排定有交互作用的单因子列，再排两者的交互作用列，最后排独立因子列。交互作用列的位置可根据两个作用因子本身所在的列数，由同水平的交互作用表查得，交互作用所占的列数等于单因子水平数减1。

（3）制订实验计划表，进行实验　根据正交表的安排将各因子的相应水平填入表中（见附录一），形成一个具体的实施计划表，并按表实施实验。交互作用列和空白列不列入实验安排表，仅供数据处理和结果分析用。

3．序贯实验设计法

序贯实验设计法突破了传统的"先实验，后整理"（即全部实验完成后，再进行分析整理）的安排，将最优化的设计思想融入到实验设计之中，采取边设计、边实施、边总结、边调整的循环运作模式。根据前期实验提供的信息，通过数据处理和寻优，搜索出最灵敏、最可靠、最有价值的实验点作为后续实验的内容，周而复始，直至得到最理想的结果。这种方法既考虑了实验点因子水平组合的代表性，又考虑了实验点的最佳配置，使实验始终在效率最高的状态下运行，实验结果的精度高，研究周期短，节省人力、财力和时间。

序贯设计法可分为登山法和消去法，其中登山法是逐步向最优目标逼近的过程，犹如登山一样；消去法则是不断去除非优化的区域，缩小优化目标的范围。在进行数据的处理和寻优时，一般针对单因素优选，常用黄金分割法、分数法和对分法；而多因素优选一般常用最陡坡法、单纯形法和改进的单纯形调优法。在专业综合实验研究中，序贯设计法尤其适用于模型鉴别与参数估计类实验，也是中试开发的特别有效和经济的实验方法。

4．均匀设计法

均匀设计法是一种只考虑实验点在实验范围内均匀分散的一种实验设计方法。由于均匀设计考虑了实验点的"均匀散布"，而不考虑"整齐可比"，因而可以大大减少实验次数，这是它与正交设计的最大不同之处。例如，5水平4因子实验中，若采用正交设计 $L_{25}(5^6)$ 来安排实验，要做25次实验，但若采用均匀设计，则只需要做5次实验。可见，均匀设计在实验因素变化范围较大，需要取较多水平时，可以极大地减少实验次数。

均匀设计表是由我国数学家方开泰教授和王元教授于1978年提出的。均匀设计表的表示方法为 $U_n(t^q)$，其中，U表示均匀表的代号，n 表示实验的次数，t 表示实验水平数，q 表示可能安排的最多因子个数。

用均匀表来安排实验与正交设计的步骤很类似，在此不再展开。

5．配方设计法

在化工、医药、食品、材料等领域，许多产品都由多种组分按照一定的比例进行混合加工而成，它们的质量指标只与各组分的百分比相关，而与混料总量无关。为了提高产品质量，实验者要通过实验得到各种成分的比例与指标的关系，以确定最佳的产品配方。在配方实验中，实验因子是各组分的百分比，而且是无因次的，这些因子之间一般具有相互作用，所以往往不能直接使用前面介绍的用于独立变量的实验设计方法。这就需要引入配方设计的概念，配方设计就是通过一些不同配比的实验，合理地选择少量的实验点，得到实验指标与成分之间的回归方程，并进一步探讨组成与实验指标之间的内在规律。配方设计的方法很多，如单纯形格子点设计、单纯形重心设计、配方均匀设计等。

单纯形格子点设计和单纯形重心设计比较简单，但是实验点在实验范围内的分布并不十分均匀，且实验边界上的实验点过多，缺乏典型性。最好的方法是采用均匀设计思想来进行配方设计，即配方均匀设计，使实验点均匀散布在实验范围内，通过建立实验指标与混料系统中各组分的回归方程，再利用回归方程来求取最佳配方。读者可以参考李云雁、胡传荣编著的《试验设计与数据处理》等文献。

三、实验方案的实施

实验方案的实施主要包括：实验设备的设计与选择，实验流程的组织与实施，实验装置的安装与调试，实验数据的测定与采集等。具体实验工作通常分四步进行，首先是根据实验的内容和要求，设计、选定实验所需设备；然后，围绕所选定的设备构建实验流程，解决原料的配置、净化、计量和输送问题，以及产物的采样、收集、分析和后处理问题；再根据所构建的实验流程，布设管线，安装和调试设备、仪表，并贯通全流程；最后，进入正式实验阶段，测定与采集实验数据。

（一）实验设备设计与选择

合理设计和正确地选用实验设备是实验工作得以顺利进行的关键。专业综合实验的设备主要分为主体设备、辅助设备、测量和分析设备三大类，三者的有机组合才能保证实验的正常运行。

主体设备的设计与选择应以实验设备在结构和功能上满足实验的技术要求为首要原则，再从实验对象的特征以及实验本身的特点加以考虑，力求做到结构简单多用，拆装灵活方便，易于观察测控，便于操作调节，数据准确可靠，尺寸可调，一体多用。

辅助设备通常是定型产品，主要包括动力设备和换热设备。选用时可根据主体设备的操作控制要求及实验物系的特性来选择，一般是先定设备类型，再定设备规格。其中动力设备主要用于物流的输送和系统压力的调控，如离心泵、计量泵、真空泵、气体压缩机、鼓风机等；换热设备如管式电阻炉、超级恒温槽、电热烘箱、马弗炉等，主要用于加热、冷却、冷凝、蒸发和物料的干燥等。

测量控制仪表则用于测定 pH、温度、压力、流量、液位、电导以及成分等，要求能满足工艺要求，测量数据可靠。

随着化工自动化的发展，应尽可能优先选用数字显示仪表和计算机数据采集控制系统。

（二）实验流程的组织与实施

实验流程是根据设计和选定的主体设备、辅助设备、分析检测设备、测量控制仪表、管线和阀门等所构建的一个整体。实验流程的组织，包括原料供给、产物收集与分析、物料管线、废弃物处理等系统。

（1）原料供给系统的配置　一般包括原料来源、净化、计量和输送方法的确定，以及原料加料方式的选择等。

（2）产品的收集与分析　以安全和经济为原则，在实验室中应根据产品的特性采取不同的收集方式。例如：普通液体产品或者固体，根据一般方法即可收集，对常温下可以液化的气体产品，则应冷凝液化收集液体。

产品的采样分析则应特别注意采样点的代表性、采样方法的准确性及注意防止采样对反应系统的干扰。对于连续操作的系统应正确选择采样位置，使之最具代表性。对间歇操作的系统应合理分配采样时间，在反应结果变化大的区域，采样点应密集一些，在反应平缓区可稀疏一些。

（三）实验装置的安装与调试

正确安装与调试实验装置是确保实验数据准确性、实验操作安全性和实验布局合理性的重要环节。在专业综合实验中，实验研究对象相对较为复杂、研究内容广泛，实验操作条件也各不相同，因此应根据实验特点、实验设备条件以及实验场地环境来合理布局实验设备，并进行安装和调试。

1．实验装置的安装

实验装置安装的总体原则是，先主后辅，主体设备就位后，再安装辅助设备。根据设备类型和特性，例如噪声、震动、体积、重量等，综合考虑安全、检修和安装的方便，将设备固定在固定架上或采取一定措施隔震隔音等。设备安装大致分为三步：首先搭建设备安装架，安装架一般由设备支架和仪表屏组成；其次在安装架上依流程顺序布置和安装主要设备、辅助设备及仪器仪表；最后围绕主要设备，依运行要求布置动力设备和管道。

2．实验流程的调试

调试工作主要包括系统气密性试验、仪器仪表的校正和流程试运行等。

（1）系统气密性试验　系统气密性试验包括试漏、查漏和堵漏三项工作。对压力要求不太高的系统，一般采用负压法或正压法进行试漏，即对设备和管路充压或减压后，关闭进出口阀门，观察压力的变化。若发现压力持续降低或升高，说明系统气密性不过关。查漏工作首先应从阀门、管件和设备的连接部位等易漏处入手，采取分段检查的方式确定漏点。其次再考虑设备材质中的砂眼问题。堵漏一般采用更换密封件、紧固阀门或连接部件的方法。对于真空系统的堵漏，实验室常采用真空封泥或各种型号的真空脂。

（2）仪器仪表的校正　仪器仪表在使用前必须进行标定和校正，以确保测量的准确性。这是因为待测物料的性质不同，仪器仪表的安装方式不同，以及仪表本身的精度等级和新旧程度不一，都会给仪器仪表的测量带来系统误差。

（3）流程试运行　试运行的目的是检查设备是否能正常工作，流程是否贯通，管道是否连接到位；检查所有管件阀门是否灵活好用，开闭状态是否合乎运行要求；检查仪器及仪表是否工作正常，指示值是否灵敏稳定，是否经过标定和校正；检查开停车是否方便，有无异常现象等等。试运行一般采取先分段试车，后全程贯通的方法进行。

（四）实验数据的测定和采集

固定实验设备的某些参数，从而适当简化复杂的实验，是化工实验的常用手段。参数的准确性直接关系实验所采集数据的正确性。因此，实验设备及操作参数的标定是保证实验数据准确性的前提，而标定设备参数是为了防止和消除设备的使用及操作运行中可能引入的各种系统误差。这些工作一般通过经典实验或者预实验来确定，其中设备参数标定一般通过经典实验来确定，通过预实验可以界定操作参数的可行域。

在完成了以上所有实验前期准备工作后，就可进入正式实验阶段，进行实验数据的测定和采集。

第三节　实验误差分析与数据处理

任何实验研究的目的都旨在通过实验数据获得可靠的、有价值的、可重复的实验结果或者某种变化规律。而实验结果的准确性、精密性和可靠性，必须应用科学的数学方法加以分析、归纳和评价。因此，掌握和应用误差理论、统计理论和科学的数据处理方法是十分必要的。本节将简单介绍有关实验数据的处理问题。

一、实验数据的误差分析

由于实验方法和实验设备的不完善、周围环境的影响、人的观察力和测量程序等的限制，实验测量值和真值之间，总是存在一定的差异。人们常用绝对误差、相对误差或有效数字来说明一个近似值的准确程度。为了评定实验数据的精确性或误差，认清误差的来源及其影响，需要对实验误差进行分析和讨论。由此可以判定哪些因素是影响实验精确度的主要因素，从而在以后的实验中进一步改进实验方案，缩小实验观测值和真值之间的差值，提高实验的精确性。

化工综合实验均系一系列测量的结果，各种测量总是或多或少地包含一定的误差，评定实验数据误差，设法提高实验的准确度，需要进行实验数据的误差分析。

（一）真值和平均值

真值是指在一定的时间和空间条件下，能够准确反映某一被测物理量的真实状态和属性的量值，也就是某一被测物理量的客观存在的、实际具有的量值。真值是一个理想的概念，分理论真值和约定真值两种。理论真值是在理想情况下表征某一被测物理量的真实状态和属性的量值。理论真值是客观存在的，或者是根据一定的理论所定义的。例如，三角形的三个内角之和为180°。约定真值是指人们为了达到某种目的，按照约定的办法所确定的量值。约定真值是人们定义的，得到国际上公认的某个物理量的标准量值。例如：光速被约定为3×10^8 m/s。然而由于观测的次数总是有限的，在不存在系统误差的情况下，科学实验中常用平均值来近似真值。化工中常用的平均值有算术平均值、均方根平均值和几何平均值三种。

算术平均值：

$$\bar{x} = \frac{x_1 + x_2 + \cdots + x_n}{n} = \frac{\sum\limits_{i=1}^{n} x_i}{n} \tag{1}$$

均方根平均值：

$$x_s = \left(\frac{x_1^2 + x_2^2 + \cdots + x_n^2}{n} \right)^{\frac{1}{2}} = \sqrt{\frac{\sum\limits_{i=1}^{n} x_i^2}{n}} \tag{2}$$

几何平均值：

$$x_c = (x_1 x_2 \cdots x_n)^{\frac{1}{n}} = \left(\prod_{i=1}^{n} x_i \right)^{\frac{1}{n}} \tag{3}$$

（二）误差的表示方法

误差的定义是测量值与真值之间的差异，即：误差＝测量值－真值。常用的误差表示方法有三种：绝对误差、相对误差和引用误差。

1. 绝对误差

在一定条件下，某一物理量所具有的客观大小称为真值。测量的目的就是力图得到真值。但由于受测量方法、测量仪器、测量条件以及观测者水平等多种因素的限制，测量结果与真值之间总有一定的差异，即总存在测量误差。设测量值

为 N，相应的真值为 N_0，则测量值与真值之间的绝对误差 ΔN 为：

$$\Delta N = N - N_0 \tag{4}$$

误差存在于一切测量之中，测量与误差形影不离，分析测量过程中产生的误差，将影响降低到最低程度，并对测量结果中未能消除的误差做出估计，是实验测量中不可缺少的一项重要工作。

2. 相对误差

绝对误差与真值之比的百分数叫做相对误差，用 E 表示：

$$E = \frac{\Delta N}{N_0} \tag{5}$$

由于真值 N_0 无法知道，所以计算相对误差时常用 N 代替 N_0。在这种情况下，N 可能是公认值，或高一级精密仪器的测量值，或测量值的平均值。相对误差用来表示测量的相对精确度，相对误差用百分数表示，保留两位有效数字。

3. 引用误差

绝对误差和相对误差仅能表明某个测量点的误差。实际的测量装置往往可以在一个测量范围内使用，为了表明测量装置的精确程度，人们引入了引用误差。

引用误差定义为绝对误差 ΔN 与测量装置的量程 B 的比值，用百分数来表示，即

$$\gamma = \frac{\Delta N}{B} \times 100\% \tag{6}$$

引用误差实际上是用相对误差形式表示了测量装置所具有的测量精度。

测量装置应当保证，在规定的使用条件下，其引用误差的极限不超过某一个规定值。这个规定值称为仪表的允许误差。允许误差能够很好地表征测量装置的测量精确程度，它是测量装置最主要的质量指标之一。

4. 算术平均误差和标准误差

在化工领域中，一般常用算术平均误差和标准误差（习惯上称为标准偏差）来表示数据的精度。其中，标准偏差因为对一组数据中的较大误差和较小误差比较敏感，能够更好地反映实验数据的离散程度。两者的计算公式如下：

$$\sigma = \frac{\sum_{i=1}^{n} |x_i - \bar{x}|}{n} \quad (\text{算术平均误差}) \tag{7}$$

$$\sigma = \frac{\sqrt{\sum_{i=1}^{n} (x_i - \bar{x})^2}}{n-1} \quad (\text{标准偏差}) \tag{8}$$

式中，n 为测量次数；x_i 为第 i 次测量值；$\bar{x}$ 为 n 次测得值的算术平均值。

（三）可疑数据的剔除

在实际测量中，系统误差和随机误差之间不存在明显的界限，两者在一定条件下可以相互转化。对某项具体误差，在一定条件下为随机误差，而在另一个条件下则可能为系统误差，反之亦然。如果一些测量结果误差相对较大，称为粗大误差，则在数据处理中，应把这些具有粗大误差的异常数据剔除。

常用的剔除准则有 Q 值检验法、拉伊达准则或格拉布斯准则等。

1. Q 值检验法

Q 值检验法是迪克森（Dixon）在1951年提出的一种简易判据式，专门针对分析化学中观测次数较少（$n \leq 10$）的情况。在数据量较少的情况下，能够快速剔除异常数据，具体步骤为：

（1）将数据按从小到大的次序排列：$x_1, x_2, x_3, \cdots, x_{n-1}, x_n$

（2）其中 x_n 和 x_1 为可疑值，确定极端值差，即 $x_n - x_1$

（3）算出可疑值与其邻近值的差 $x_n - x_{n-1}$

（4）计算 Q 值：

$$Q = \frac{x_2 - x_1}{x_n - x_1} \quad \text{或} \quad Q = \frac{x_n - x_{n-1}}{x_n - x_1} \qquad (9)$$

（5）根据测定次数 n 和所要求的置信度，查表8得 $Q_{基准}$；

（6）若 $Q > Q_{基准}$，则舍去异常值，否则保留。

表8　不同置信度下舍弃可疑数据的 $Q_{基准}$ 值

测定次数	$Q_{0.90}$	$Q_{0.95}$	$Q_{0.99}$	测定次数	$Q_{0.90}$	$Q_{0.95}$	$Q_{0.99}$
3	0.94	0.98	0.99	7	0.51	0.59	0.68
4	0.76	0.85	0.93	8	0.47	0.54	0.63
5	0.64	0.73	0.82	9	0.44	0.51	0.60
6	0.56	0.64	0.74	10	0.41	0.48	0.57

例：在洗涤剂去污力评价测定中，测得白度差值分别为12.62、12.30、11.62、12.54，在置信度90%的情况下，对上述数据做置信度检验。

（1）将数据按从小到大的次序排列：11.62、12.30、12.54、12.62；

（2）其中 11.62 和 12.62 为可疑值，确定极端值差为 12.62−11.62=1.00；

（3）算出可疑值与其邻近值的差；

（4）计算 Q 值：

$$Q_1 = (12.30 - 11.62)/1.00 = 0.68$$

$$Q_2 = (12.62 - 12.54)/1.00 = 0.08$$

（5）根据测定次数 4 次和所要求的置信度 90%，查表 8 得 $Q_{基准}$=0.76；

（6）$Q_1(Q_2) < Q_{基准}$，因此可疑数据有效，无需舍去。

2. 拉伊达准则

拉伊达（Pau Ta）准则又称 3σ 准则，它的理论基础是正态分布理论。该准则认为：凡残余误差大于三倍标准偏差的误差就是粗大误差，相应的测量值就是坏值，应予以舍弃。其数学表达式为：

$$|v_b| = |x_b - \bar{x}| > 3\sigma \qquad (10)$$

式中　x_b——坏值；

　　　v_b——坏值的残余误差；

　　　$\bar{x}$——包括坏值在内的全部测量值的算术平均值；

　　　σ——测量列的标准偏差。

拉伊达准则方法简单，无需查表，便于应用，但在理论上不够严谨，只适用于重复测量次数较多（$n>50$）的场合。若测量次数不够多，使用拉伊达准则就不可靠，一般无法从测量列中正确判别出坏值来。

3. 格拉布斯准则

格拉布斯（Grubbs）准则的计算量较大，但在理论上比较严谨，它不仅考虑了测量次数的影响，而且考虑了标准差本身存在误差的影响，被认为是较为科学和合理的，可靠性高，适用于测量次数比较少而要求较高的测量列。该准则认为，凡残余误差大于格拉布斯鉴别值的误差就是粗大误差，相应的测量值就是坏值，应予以剔除。其数学表达式为：

$$|v_b| = |x_b - \bar{x}| > [G(n, P_a)]\sigma \qquad (11)$$

式中　x_b——坏值；

　　　v_b——坏值的残余误差；

　　　$\bar{x}$——包括坏值在内的全部测量值的算术平均值；

　　　σ——测量列的标准偏差；

　$G(n, P_a)$——格拉布斯临界系数，$[G(n, P_a)]\sigma$ 为格拉布斯鉴别值，它与测量次数 n 和取定的置信概率 P_a 有关。表 9 给出了对应不同测量次数 n 和不同置信概率 P_a 的格拉布斯临界系数 $G(n, P_a)$。

应用格拉布斯准则时，先计算测量列的算术平均值和标准偏差；再取定置信概率 P_a，根据测量次数 n 查出相应的格拉布斯临界系数 $G(n, P_a)$，计算格拉布斯鉴别值 $[G(n, P_a)]\sigma$；将各测量值的残余误差 v_{bi} 与格拉布斯鉴别值相比较，若满足格拉布斯公式，则可认为对应的测量值 x_{bi} 为坏值，应予剔除；否则 x_{bi} 不是坏值，不予剔除。

20

表 9　格拉布斯（Grubbs）临界系数 $G(n, P_a)$

n		3	4	5	6	7	8	9	10	11	12	13	14	15	16
P_a	0.95	1.15	1.46	1.67	1.82	1.94	2.03	2.11	2.18	2.23	2.28	2.33	2.37	2.41	2.44
	0.99	1.16	1.49	1.75	1.94	2.10	2.22	2.32	2.41	2.48	2.55	2.61	2.66	2.70	2.75
n		17	18	19	20	21	22	23	24	25	30	35	40	50	100
P_a	0.95	2.48	2.50	2.53	2.56	2.58	2.60	2.62	2.64	2.66	2.74	2.81	2.87	2.96	3.17
	0.99	2.78	2.82	2.85	2.88	2.91	2.94	2.96	2.99	3.01	3.10	3.18	3.27	3.34	3.59

二、有效数字及其运算法则

实验中，为了获取准确的结果，不仅需要精确地测量，还需要正确地记录和计算数据。因此，实验数据的记录和计算，要根据测量仪器的精度、分析方法的准确度来决定，这就涉及有效数字的概念。

（一）有效数字的概念

有效数字指仪器实际能够测得的数字，它由准确数字和一位欠准确数字组成。显然，在有效数字中，只有最末一位数字是欠准确的，亦称可疑数字，其余数字都是准确的。一个数的全部有效数字所占有的位数称为该数的有效位数，有效位数直接反映了仪器测量的精度。

（二）有效位数判定

数据处理过程中，数据应取多少位有效数字，应根据下述的有效位数判定准则来确定。

（1）数字"0"是否是有效数字的判定准则是：处于数中间位置的"0"是有效数字；处于第一个非零数字前的"0"不是有效数字；处于数后面位置的"0"则难以确定，这时应采用科学记数法。例如，120000 可以写成 1.2×10^5，其有效数位是 2 位，乘号后面的数字不包含在有效数位中。

（2）对 pH、$\lg K$ 等对数数值，有效数字仅由小数部分的位数决定，整数部分只起定位作用。例如，pH=2.23，其有效数字为 2 位，而不是 3 位。

（3）实验数据中的单位可以改变，但有效数字的位数不能任意改变。例如，1.05kg 改为以 g 为单位时，应写成 $1.05 \times 10^3 g$，不能写成 1050g。

（4）对不需要标明误差的数据，确定有效位数时应取最末一位数字为可疑数字；对需要标明误差的数据，其有效位数应取到与误差同一数量级。

（5）测量误差的有效位数应按仪器的精度来确定，例如电子天平仪器精度 0.0001g，实际数据 10.2580g，则有效位数为 6 位。

（三）有效数字的运算法则

在进行有效数字计算时，各分量数值的大小及有效数字的位数不一定相同，而且在运算过程中，有效数字的位数会越乘越多，除不尽时有效数字的位数也会无止境，即便是使用计算器，也会遇到中间数的取位问题以及如何更简洁的问题。为了不作徒劳的运算，尽量简化有效数字的运算，达到不因计算而引进误差和影响结果，通常约定下列规则。

1．有效数字的修约

根据有效数字的运算规则，为使计算简化，在不影响最后结果应保留有效数字的位数（或欠准确数字的位置）的前提下，可以在运算前、后对数据进行修约，其修约原则是"四舍六入五留双"。"五留双"是指尾数正好为5时若5后面数字不为零则一律进位、若5后面的数字为0时，采用5前是奇数则进位、偶数则舍去。例如，将下列数字修约为4位有效数字：

11.2843→11.28；11.2863→11.29；11.2852→11.29；11.2850→11.28；11.2750→11.28；11.275→11.28。

一般中间运算过程中要多保留一位有效数字。且在修约数字时，只允许对原数据一次修约到所需位数，不能逐次修约。

2．加减法运算

多个数据进行加法或减法运算时，其和或差的有效数字以参与运算的各个数据中小数点后位数最少的为准。因此，几个数据的加减法运算时，可先将多余数修约，将应保留的欠准确数字的位数多保留一位进行运算，最后结果按保留一位欠准确数字进行取舍。这样可以减小繁杂的数字计算。例如：

$$5.282+22.35-0.0125=5.28+22.35-0.01=27.62$$

3．乘除法运算

用有效数字进行乘法或除法运算时，乘积或商的结果的有效数字的位数与参与运算的各个量中有效数字的位数最少者相同。例如：

$$25.34×0.0125×1.00528=25.3×0.0125×1.01=0.319$$

4．乘方和开方运算

有效数字的位数与其底数的有效数字的位数相同。

此外，自然数1、2、3、4、…不是测量而得，不存在欠准确数字；而无理常数如 π、$\sqrt{2}$、$\sqrt{3}$、…的位数可以看成无限多位有效数字，不能根据它们来确定计算结果的有效数字。

三、实验数据处理

实验所得的结果最初是以数据的形式来表达和记录的，所谓数据处理就是要用简明而严格的方法提炼出实验数据所代表的事物的内在规律性。通过了解和建立各变量之间的定量关系，结合分析实验现象，借助于不同的数据处理方法，找出规律，是从获得数据到得出结果的加工过程。数据处理包括记录、整理、计算、分析、拟合等多种处理方法，本节将对实验中最常用的列表法和作图法以及简单的计算机处理法做一些介绍。

（一）列表法

列表法是记录数据的基本方法，其形式紧凑、实验结果一目了然，且不会丢失数据，便于查对。数据列表通常是整理数据的第一步，为绘制曲线图或者建立经验公式打下基础。一张完整的表格应该包含表格的序号、名称、项目、说明及数据来源等，设计和记录表格一般有如下要求：

（1）列表要简单明了，便于一目了然地看出有关变量之间的关系，方便记录、运算处理数据和检查处理结果。

（2）列表要标明符号所代表的物理量的意义，并写出数据所代表物理量的单位及量值的数量级。单位一般写在符号标题栏，不能重复记在各个数值上。

（3）列表的形式不限，根据具体情况，决定列出哪些项目。除原始数据外，计算过程中的一些中间结果和最后结果也可以列入表中。

（4）表格记录的测量值和测量偏差，应正确反映所用仪器的精度，即正确反映测量结果的有效数字。

（二）作图法

用作图法处理实验数据是数据处理的常用方法之一，它能直观地反映出数据中的极值点、转折点、周期性、变化率及变化趋势等特性，便于比较实验结果，显示数据之间的对应关系，揭示数据之间的联系，建立关系式。将实验数据用几何图形表示出来，可以在不知数学表达式的情况下进行微积分运算，因此在数据处理中得到广泛应用。在作图中要注意以下几点：

（1）作图的关键是合理选择坐标，坐标选择不当，会掩盖数据的本来面目而无法得到可靠的结果，甚至会导致错误的结论。

（2）选择坐标类型的一般原则是尽可能使函数的图形线性化，尽可能使图形呈现线性函数关系 $y=a+bx$。例如指数函数 $y=ab^x$ 可以转化为 $\ln y=\ln a+x\ln b$，形式上与 $Y=A+BX$ 一致，幂函数 $y=ax^b$ 可以转化为 $\ln y=\ln a+b\ln x$，亦符合 $Y=A+BX$ 的形式。

（3）坐标比例应当根据所测得的有效数字和结果的需要来确定，原则上数据中的可靠数字在图中应当标出。

（4）除特殊需要外，数值的起点一般不必从零开始，X 轴和 Y 轴的比例可以不同，使作出的图形大体上能充满整个坐标空间，图形布局美观、合理。

（5）一般以自变量为横轴，因变量为纵轴，注明所示物理量的名称，单位。坐标轴上要注意有效位数。

（6）根据测量数据，需要在一张图纸上画出几条实验曲线时，每条图线应当用不同的标记如"○""·""⊗""Δ"等符号标出，以免混淆。

（7）由于每个实验数据都有一定的误差，所以将实验数据点连成直线或光滑曲线时，应尽可能多地通过所描的点，对于不能通过的点，应尽可能使数据点均匀分布在图线的两侧，尽可能使两侧所有点到曲线的距离之和最小并且接近相等。对个别偏离很大的点，应当应用异常数据剔除法中介绍的方法进行分析，决定是否舍去。原始数据点应保留在图中。

（8）在图纸下方或空白的明显位置处，写上图的名称、作者和作图日期，有时还要附上简单的说明，如实验条件等，使读者一目了然。

（三）用计算机进行数据处理

计算机技术发展一日千里，其在现代实验技术中的应用具有无可比拟的优势，传统实验技术和数据处理方法正逐渐被取代。应用计算机进行数据处理的方法称为计算机法，具有速度快、精度高的优点，通过相应软件可以快速得到数据处理的结果，直观性强，减轻人们处理数据的工作量。例如在一些平均值、相对误差、绝对误差、标准误差、线性回归、数据统计等方面的数值计算，常用函数计算，定积分计算，曲线拟合，数据作图等方面都可以通过计算机来处理。化学化工实验数据处理中常用的软件有 SAS、MATLAB、EXCEL、Origin 等，其中 EXCEL 软件是最常用的办公软件，具有处理速度快，方便易用、功能强大的优点，在实验数据处理中得到广大化工人的欢迎。该软件的数据分析功能不仅可以给出选定数据的各项统计参数，还可以对选定数据作图。例如：

气升式环流反应器流体力学及传质性能的测定实验中，采用动态氧浓度法来测定气升式环流反应器的液相氧体积传质系数 K_La，得到如表 10 所示的数据。

表 10　气升式环流反应器的液相氧体积传质系数 K_La 随时间的变化

t/s	$K_La·t$	t/s	$K_La·t$	t/s	$K_La·t$	t/s	$K_La·t$
0		30	0.02685	60	0.49549	90	0.95684
2		32	0.06852	62	0.50642	92	0.99193
4		34	0.09003	64	0.53994	94	1.02830
6		36	0.11944	66	0.55137	96	1.04699
8		38	0.14208	68	0.58646	98	1.12546
10		40	0.16525	70	0.61056	100	1.14608
12		42	0.19700	72	0.62283	102	1.23309
14		44	0.21326	74	0.67347	104	1.27961
16		46	0.24660	76	0.68655	106	1.32840
18		48	0.26369	78	0.72682	108	1.35372
20		50	0.28989	80	0.76878	110	1.40636
22		52	0.32593	82	0.82763	112	1.43376
24		54	0.40216	84	0.82763	114	1.43376
26		56	0.43231	86	0.87415	116	1.46193
28	0.00000	58	0.47399	88	0.89015	118	1.49092

t/s	$K_La·t$	t/s	$K_La·t$	t/s	$K_La·t$	t/s	$K_La·t$
120	1.55154	194	2.61938	268	3.07137	342	4.32413
122	1.58329	196	2.53237	270	3.40784	344	4.32413
124	1.61608	198	2.61938	272	3.91866	346	4.32413
126	1.68507	200	2.93784	274	3.91866	348	4.32413
128	1.64998	202	3.07137	276	4.32413	350	4.32413
130	1.68507	204	3.07137	278	4.32413	352	4.32413
132	1.72144	206	3.63099	280	5.01728	354	4.32413
134	1.79840	208	5.01728	282	—	356	4.32413
136	1.83923	210	4.32413	284	—	358	4.32413
138	1.83923	212	3.91866	286	—	360	4.32413
140	1.92624	214	3.63099	288	5.01728	362	4.32413
142	1.92624	216	3.63099	290	5.01728	364	4.32413
144	1.83923	218	3.40784	292	4.32413	366	5.01728
146	1.83923	220	3.63099	294	5.01728	368	5.01728
148	1.79840	222	3.07137	296	4.32413	370	4.32413
150	2.12691	224	2.93784	298	3.91866	372	4.32413
152	2.12691	226	3.07137	300	3.91866	374	4.32413
154	2.12691	228	3.07137	302	5.01728	376	4.32413
156	2.18407	230	3.22552	304	4.32413	378	4.32413
158	2.30923	232	3.40784	306	—	380	4.32413
160	2.45233	234	3.40784	308	—	382	4.32413
162	2.71469	236	3.63099	310	—	384	4.32413
164	2.71469	238	3.63099	312	—	386	4.32413
166	2.61938	240	3.63099	314	5.01728	388	4.32413
168	2.53237	242	4.32413	316	5.01728	390	4.32413
170	2.45233	244	5.01728	318	5.01728	392	4.32413
172	2.53237	246	5.01728	320	4.32413	394	4.32413
174	2.61938	248	5.01728	322	4.32413	396	4.32413
176	2.61938	250	4.32413	324	3.91866	398	4.32413
178	2.61938	252	4.32413	326	3.40784	400	—
180	2.82006	254	4.32413	328	3.22552	402	—
182	2.82006	256	4.32413	330	3.40784	404	—
184	2.71469	258	4.32413	332	4.32413	406	—
186	2.82006	260	3.91866	334	4.32413	408	—
188	2.93784	262	3.91866	336	4.32413	410	5.01728
190	2.93784	264	3.22552	338	4.32413		
192	2.82006	266	3.22552	340	4.32413		

去掉无意义数据，以 t 为横坐标、$K_La \cdot t$ 为纵坐标作图，用"图表向导"——选"X、Y 散点图"作带平滑线的散点图如图2所示。

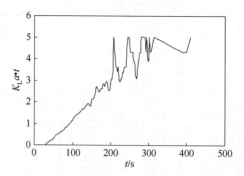

图2　气升式环流反应器液相氧体积传质系数 K_La 随时间的变化（全程）

观察所作图形，选定线性较好部分（t=28s 至 t=142s）的数据再次作图。在线性较好的直线上点左键，再点右键；选"添加趋势"，选"显示公式""显示 R^2"得拟合的直线方程（如图3）：其斜率就是 K_La=0.0173s^{-1}。

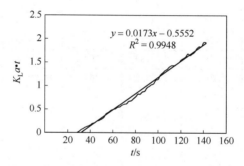

图3　气升式环流反应器液相氧体积传质系数 K_La 随时间的变化（线性段）

另一个非常有用的数据处理工具是 Excel-工具中的规划求解功能。其基本功能是，设置一个目标单元格，设定一个或几个可变单元格，然后改变可变单元格中的参数，使目标单元格中的数据达到最大值，或者最小值，或者指定的某个数值，于是计算机通过运算和作图，最终确定可变参数的取值。

运用这一功能可以方便地求方程的数值解。例如，在研究混合表面活性剂的协同效应时，需要从下述方程中求解 x_1^s（组分1在界面的摩尔分数）：

$$\frac{(x_1^s)\ln\left(\dfrac{\alpha c_{12}}{x_1^s c_1^0}\right)}{(1-x_1^s)^2\ln\left(\dfrac{(1-\alpha)c_{12}}{(1-x_1^s)c_2^0}\right)}=1 \tag{12}$$

已知 x_1^s 在 0 和 1 之间，其余都是已知数。为了求出 x_1^s，最简便的方法是用试差法，设定一个 x_1^s 的取值，例如 0.001，按式（12）计算出结果，按步长=0.001，每次增加一个步长，直至计算结果为 1 或者最接近 1。

为了获得精确的 x_1^s 取值，可以借助于规划求解功能。方法是设定 x_1^s 为可变单元格，然后分别计算式（12）左边的分子（记为 y_1）和分母（记为 y_2），取 $y=(y_1/y_2)$ 作为目标单元格，并设定其目标值为 1。于是选定目标单元格，点击求解，计算机自动改变 x_1^s 的取值，直到 $y=1$ 时停止，很快求得 x_1^s 的取值。为了防止出错，可以先用试差法得到一个粗略的 x_1^s，再利用规划求解获得精确值。

规划求解的另一个重要功能是确定数学模型的参数。例如表面活性剂能够降低水的表面张力，于是水溶液的表面张力 γ（mN/m）随表面活性剂浓度 c（mol/L）的增加而降低，直至临界胶束浓度 CMC。理论上，γ 与 c 的关系符合 Szyszkowski 公式：

$$\gamma = \gamma^\circ - nRT\Gamma^\infty \ln(1+Kc) \tag{13}$$

式中，γ° 为纯水的表面张力；R 为通用气体常数；T 为热力学温度；Γ^∞ 为表面活性剂的饱和吸附量，mol/cm^2；K 为与吸附自由能相关的常数；n 为表面活性剂分子在水中能产生的浓度随 c 而变化的质点数目。如果把式（13）看作是一个数学模型，那么浓度 c 是自变量，溶液的表面张力 γ 是函数，Γ^∞ 和 K 为两个未知参数，其余为常数。

当我们合成了一个表面活性剂并纯化后，常常通过测定表面张力随浓度的变化来获得相关的表面活性参数，其中包括关键的参数 Γ^∞ 和 K。传统的方法是测定表面张力，作 γ-lg$c$ 图，沿曲线在不同的浓度点做切线，求斜率 dγ/dlg$c$，从 Gibbs 公式：

$$\Gamma = \frac{-1}{2.303nRT} \frac{\mathrm{d}\gamma}{\mathrm{dlg}c} \tag{14}$$

计算得到不同浓度时的吸附量 Γ，再将 Langmuir 方程：

$$\Gamma = \Gamma^\infty \frac{Kc}{1+Kc} \tag{15}$$

变形为：

$$\frac{1}{\Gamma} = \frac{1}{\Gamma^\infty} + \left(\frac{1}{\Gamma^\infty K}\right)\frac{1}{c} \tag{16}$$

以（$1/\Gamma$）对（$1/c$）作图，最后从斜率和截距获得 Γ^∞ 和 K 两个参数，过程复杂，误差大，尤其是作图求斜率时会引入较大的误差。

利用 Excel 的工具中的规划求解功能，可以容易地获得这两个参数。以十二烷基硫酸钠（SDS）为例，首先测定溶液的表面张力随浓度的变化，得到一组原始数据，如表 11 第一列和第二列所示。按式（13）计算表面张力（25℃下

γ° =72mN/m，R=8.314J/(mol·K)，如表 11 第三列所示，其中两个参数分别取值 2×10^{-10}mol/cm^2 和 3×10^3L/mol，可见由于参数取值不精确，计算值与测量值之间存在较大误差，将两者的绝对值（也可以是误差的平方），列入第四列，并计算各点的误差绝对值之和，作为目标单元格，可见误差绝对值之和为 82.18，很大。将测量值和计算值分别对浓度 c 作图，如图 4 所示，可见计算值（线）与测定值（点）之间有较大偏差。

表 11　十二烷基硫酸钠（SDS）水溶液的表面张力测定和数据处理（未应用规划求解）

SDS 水溶液浓度 c/(mol/L)	可调参数（1）Γ^{∞} =2×10^{-10}mol/cm^2	可调参数（2）K=3×10^{3}L/mol	误差绝对值之和=82.18
	γ（测量）/(mN/m)	γ（计算）/(mN/m)	误差绝对值
1.0×10^{-5}	71.66	71.71	0.05
3.0×10^{-5}	69.63	71.15	1.52
6.0×10^{-5}	67.40	70.36	2.95
8.0×10^{-5}	65.76	69.87	4.11
1.0×10^{-4}	64.80	69.40	4.60
2.0×10^{-4}	59.76	67.34	7.58
4.0×10^{-4}	54.46	64.18	9.72
6.0×10^{-4}	47.78	61.79	14.01
8.0×10^{-4}	41.02	59.87	18.84
1.0×10^{-3}	39.45	58.25	18.80
3.0×10^{-3}	38.69	49.17	
6.0×10^{-3}	38.62	42.81	

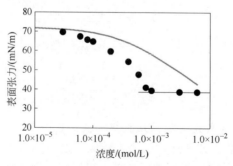

图 4　25℃下 SDS 水溶液的表面张力测定值和计算值的比较（应用规划求解前）

点为测定值，线为计算值

28

选定目标单元格（82.18），进行规划求解（结果见表 12）。设定其值为最小，以可调参数（1）和可调参数（2）为可变单元格，点击"求解"，计算机自动调正两个参数的大小，直至误差之和为最小（6.81），相应地，图 4 变成了图 5，计算值与测定值几乎重合。此时两个参数的取值分别为 3.487572 和 5.14723，即得 $\Gamma^{\infty}=3.49\times10^{-10}\text{mol/cm}^2$ 和 $K=5.15\times10^3\text{L/mol}$。而 SDS 饱和吸附量的文献值为 $\Gamma^{\infty}=3.3\times10^{-10}\text{mol/cm}^2$。注意，可变单元格中的数据最好在 1~10 之间，以提高计算的灵敏度。

表 12　十二烷基硫酸钠（SDS）水溶液的表面张力测定和数据处理（应用规划求解）

SDS 水溶液浓度 c/(mol/L)	可调参数（1） $\Gamma^{\infty}=3.487572\times10^{-10}\text{mol/cm}^2$	可调参数（2） $K=5.14723\times10^3\text{L/mol}$	误差绝对值之和=6.81
	γ（测量）/(mN/m)	γ（计算）/(mN/m)	误差绝对值
1.0×10^{-5}	71.66	71.13	0.53
3.0×10^{-5}	69.63	69.52	0.11
6.0×10^{-5}	67.40	67.35	0.06
8.0×10^{-5}	65.76	66.04	0.28
1.0×10^{-4}	64.80	64.82	0.02
2.0×10^{-4}	59.76	59.76	0.00
4.0×10^{-4}	54.46	52.67	1.79
6.0×10^{-4}	47.78	47.65	0.12
8.0×10^{-4}	41.02	43.77	2.75
1.0×10^{-3}	39.45	40.60	1.15
3.0×10^{-3}	38.69	23.59	
6.0×10^{-3}	38.62		

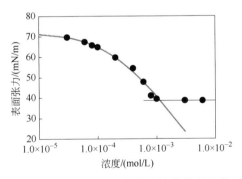

图 5　25℃下 SDS 水溶液的表面张力测定值和计算值的比较（应用规划求解）

点为测定值，线为计算值

　　灵活应用这一方法可以对各种数学模型求取参数。求取一个参数或两个参数时效果良好，但注意同时求取更多参数时，所得结果不一定是最佳值，毕竟计算次数有限。在这种情况小，应充分利用已知条件，减少待定参数的数量。

第二章

化工专业综合实验室安全与环保

化工专业综合实验室是进行化工专业研究与教学、开展课外活动、进行理论与实践相结合的素质教育的重要场所。但在化工专业综合实验室，通常会涉及易燃、易爆、有毒的化学物质，易碎的玻璃仪器，带电的仪器仪表以及高温高压设备等，因此加强对学生的安全教育、普及安全技术和环境保护知识，使学生掌握相关的危险应急处理方法，确保实验安全是非常必要的。

实践证明，只要实验人员在思想上高度重视实验安全，具备必要的化工安全知识，认真做好实验预案，听从指导，并在实验中严格遵守操作规程，就可以有效避免安全事故的发生，保证实验安全。为了防患于未然，化工专业综合实验室应该在硬件上改善实验室的条件，配备安全合格的实验设备，提供必要和有效的防护设施；同时也要加强实验室安全文化建设，建立严格的实验室规章制度、建设完善可靠的实验安全相关预案、制定正确的实验操作规程；并且加强实验人员的安全培训，提高实验人员的安全意识，提升实验人员的业务知识和操作技能。

第一节　实验室相关规则

为确保实验安全，除了在思想上高度重视、充分了解实验中应注意的事项和可能出现的问题以及在实验过程中注意认真操作之外，实验人员还应遵守如下守则。

一、实验室一般安全守则

（1）实验室要指定工作人员对日常安全管理进行监督和检查，凡是进入实验室工作的学生和工作人员必须参加实验室安全知识培训。

（2）实验室必须严格遵守国家和学校有关规定，并根据本实验室特点指定具体的安全管理制度，张贴或悬挂在醒目处。

（3）实验室要有仪器设备使用的管理制度、操作规程及注意事项等，仪器设备操作人员要先经过培训并按要求进行操作和使用仪器设备。

（4）有危险性的场所、设备、设施、物品及技术操作等要有警示标识，并及时更新信息。

（5）剧毒（易制毒）危险化学品和放射性同位素及射线装置须严格按照国家和学校的有关规定管理，在领取、保管、使用以及废弃物处理等环节要有完整规范的记录，并定期核对信息，做到账物相符。

（6）存放危险品的场所要加强安全保卫工作，根据危险品的性质采取适当的安全防护措施，实验室工作人员要按规范操作并做好个人防护。

（7）实验室产生的废弃物要按有关要求进行分类，并分别按规定进行处理。

（8）实验室要保持整洁、通风和地面干燥，及时清理废旧物品。要保持消防通道的通畅以及安全防护设施和措施的正常使用，实验楼内的走廊只允许放置灭火器材。

（9）仪器设备不得开机过夜，如确有需要，必须采取必要的防护措施。

（10）实验室要制定紧急事故处理的应急措施并张贴或悬挂在醒目处，要有逃生路线示意图，一旦发生火灾、爆炸以及危险品被盗、丢失、泄漏、严重污染和超剂量辐射等安全事故，须立即根据情况启动事故应急处理预案，并采取有效的应急措施，同时向学校主管部门和保卫处报告，必要时应通过学校和主管部门向当地公安、环保、卫生等行政主管部门报告，事故的经过和处理情况应详细记录并存档备查。

二、实验室个人安全须知

（1）熟悉警铃讯号以及逃生路线。急救电话：120；报警电话：110；火警电话：119。

（2）实验室工作人员不得携带无关人员进入实验室，尤其是儿童更不能进入实验室。

（3）实验前要了解电源、消防栓、自来水总阀、灭火器、紧急洗眼器、急救药箱的位置及正确的使用方法，了解实验室安全出口和紧急状况时的逃生路线。

（4）实验时要穿着长袖并过膝的棉质实验服，不准穿拖鞋、大开口鞋和凉鞋；不准穿带铁钉的鞋。

（5）长发必须束起或盘起藏于帽子内。在实验室使用危险化学品、危险机器、强光设备及生物制品，必须戴上适当的护目镜。

（6）实验室内严禁饮食、吸烟、涂抹化妆品等。一切化学品严禁入口。

（7）凡开始任何新的或更改过的操作程序前，应先了解操作中所有的物理、化学、生物方面潜在的危险，以及相应的安全措施。

（8）各种仪器应根据其指定的操作规程进行操作，首次使用时必须在有经验的专业人员指导下方可操作，切勿独立使用不熟悉的仪器。所有使用大型仪器设备的人员必须经过专门培训，取得"上岗证"后才可独立操作。

（9）实验过程中必须保持台面和地面的清洁和整齐，一切与正在进行的实验无关的物品不能放在实验台面上。

（10）实验过程中，相关人员不得脱岗。进行危险实验时需有两人同时在场。临时离开实验室，应随时锁门。实验中发现安全隐患或发生实验室事故，应及时采取措施，并报告实验室负责人。

（11）使用移液管吸取化学试剂或溶液时，应该使用洗耳球，切勿用嘴吸。

（12）尽量避免接触气体、烟雾及气雾，预料会有上述情况时应使用适当的设备如通风柜。

（13）实验结束后，应及时清理，使用肥皂及水彻底清洗双手。最后一个离开实验室的人员必须检查并关闭整个实验室的水、电、气、门窗。

三、学生安全实验的一般流程

（1）在进行工作之前，一定要先从安全的角度着想，了解专业综合实验涉及试剂的理化性质，熟悉仪器设备的性能及操作规程，做好安全防范工作。

（2）实验前，要彻底了解所涉实验的操作过程与注意事项。预先制定好实验操作规程，准备好安全预案。实验时必须时刻留意，严格遵守。

（3）进入实验室，首先应该观察熟记所在实验室的布局，即安全门、气、水、电等的总阀或总闸的所在之处，熟悉实验大楼的逃生路线，以便万一遇到事故时能正确行动。

（4）了解有关急救设施、消防设施（如沙箱、沙袋、灭火器、消防用水龙带等）所处位置，并掌握使用方法。遇到事故时应保持冷静，按照应急处置办法进行处置。

（5）必须预先熟悉实验室所需要的玻璃仪器、工具、设备等，了解其性能及使用方法。

（6）如果发觉工具、仪器有损坏，应立即停止工作，设法修复，切不可马虎迁就，事故往往容易在这种场合下发生。

（7）自觉维护实验室的良好环境，保证公共设施与人身财产安全，提高工作效率，减少事故的发生。

（8）实验时应集中注意力。在实验的全过程中，都应保持高度的谨慎与责任感。

（9）实验时应按照培训规范进行实验操作，不得擅自离岗，要密切关注实验进展情况。

（10）进入实验室要做好必要的个人防护。必须穿棉质实验服，既不露出皮肤，又能便于操作。同时，实验时必须戴防护眼镜，必要时，还应戴上防护手套或防护面具。

（11）实验时若涉及有毒、易燃易爆、易产生严重异味的物品或涉及易污染环境的操作，应在专用设备内进行。

（12）任何人不得单独在实验室进行实验。严禁将实验室内任何物品私自带出实验室。实验中发生异常情况，应及时向指导教师报告并及时进行安全处理。

（13）实验室无人或是实验人员暂时离开实验室时，一定要将屋门上锁，以防发生意外。

（14）实验结束后，或者实验工作告一段落时，应将自己的工作场所收拾干净，将使用过的仪器、药品、工具等及时归位。最后一个离开实验室的人员必须检查并关闭整个实验室的水、电、气、门窗。

第二节　实验人员安全与防护

一、个人安全防护

（一）着装一般规范

实验人员进入实验室前要摘除首饰，修剪指甲，以免刺破手套。长发应束在脑后或盘起。在实验室工作时，要始终穿着实验服，但不要把实验服穿出实验室外。实验时不可戴着手套接触非实验物品，例如门把手等。实验室工作区禁止化妆和摘戴隐形眼镜。

实验室防护服与日常服饰应物理隔离分开存放。个人物品、衣服和化妆品不应放在可能发生污染的区域。保证鞋面不露趾，鞋底防滑。

（二）个人防护

1．眼睛及脸部的防护

戴安全防护眼镜。眼睛和脸部是实验室中最易被事故所伤害的部位，因而对它们的保护尤为重要。实验室内，所有实验人员必须戴安全防护眼镜。来访者参观实验室亦必须佩戴安全眼镜。

当化学物质溅入眼睛时，应立即用水彻底冲洗。冲洗时，应将眼皮撑开，小心地用自来水冲洗数分钟，再用蒸馏水冲洗，然后去医院进行治疗。

面部防护用具用于保护脸部和喉部。为了防止可能的爆炸及实验产生的有害气体造成伤害，可佩戴有机玻璃防护面具或呼吸系统防护用具。

2．手的防护

在实验室中为了防止手受到伤害，可根据需要选戴各种手套。当接触腐蚀性物质，边缘尖锐的物体（如碎玻璃、木材、金属碎片），过热或过冷的物质时，均须戴手套。

手套必须爱护使用，以使其起到有效的防护作用。手套每次使用前都必须查看，以确保无破损。防护手套主要有以下几种：

（1）聚乙烯一次性手套　用于处理腐蚀性固体药品和稀酸（如稀硝酸）。但该手套不能用于处理有机溶剂，因为许多溶剂可以渗透聚乙烯，而在缝合处产生破洞。

（2）医用乳胶手套　由乳胶制成，经处理后可重复使用。由于这种手套较短，应注意保护你的手臂。另外该手套不适于处理烃类溶剂（如乙烷、甲苯）及含氯溶剂（如氯仿），因为这些溶剂会造成手套溶胀而破坏。

（3）橡胶手套　较医用手套厚，适于较长时间接触化学药品。

（4）薄布手套　一般在操作分析天平、物化仪器等精密仪器时使用。

（5）帆布手套　一般用于接触高温物体。

（6）纱手套　一般用于接触机械的操作。

3．脚的防护

不得穿凉鞋、拖鞋以及高跟鞋进入实验室。应穿平底、防滑、合成皮或皮质的满口鞋。

4．身体的防护

所有人员进入实验室必须穿工作服，其目的是为了防止身体的皮肤和衣着受到化学药品的污染。

工作服一般不耐化学药品的腐蚀，故当其受到严重腐蚀后，这些工作服必须换下更新。

为了防止工作服上附着的化学药品的扩散，工作服不得穿到其它公共场所如食堂、会议室等。

每周清洗工作服一次。

（三）洗手

实验人员在开始或结束实验工作或者暂停实验工作时，都需要立即清洁双手，保持手部卫生。需要特别注意以下几点：

（1）脱掉手套后、使用卫生间前后、离开实验室前、接触微生物或实验动物等前后应例行洗手。

（2）对洗手液过敏或对某些消毒防腐蚀剂中的特殊化合物有反应的工作人员，应使用普通肥皂和水彻底清洗双手，双手轻度污染也可以使用酒精擦拭来清除污染。

（3）洗手池不能用于其它用途。在限制使用洗手池的地点，使用基于乙醇的手部"无水"清洁产品是可接受的替代方式。

（4）实验室工作人员在接触了血液、体液或其它污染性材料后，即使戴有手套也应在脱掉手套后立即洗手。

（5）按照下述的"六步洗手法"进行洗手：

第一步（内），洗手掌　流水湿润双手，涂抹洗手液（或肥皂），掌心相对，手指并拢相互揉搓。

第二步（外），洗背侧指缝　手心对手背沿指缝相互揉搓，双手交换进行。

第三步（夹），洗掌侧指缝　掌心相对，双手交叉沿指缝相互揉搓。

第四步（弓），洗指背　弯曲各手指关节，半握拳把指背放在另一手掌心旋转揉搓，双手交换进行。

第五步（大），洗拇指　一手握另一手大拇指旋转揉搓，双手交换进行。

第六步（立），洗指尖　弯曲各手指关节，把指尖合拢在另一手掌心旋转揉搓，双手交换进行。

二、实验室一般伤害快速急救法

实验室里经常要装备和拆卸玻璃仪器装置，在实验操作过程中，由于多种原因可能发生危害事故，如火灾、创伤、烫伤、中毒、触电等。在紧急情况下必须在现场立即处理，以减少损失，避免造成更大的危害。因此实验室应有常见事故的应急员，实验人员不仅应该按要求规范实验操作，还要学会一般的应急救护。

（一）急救药剂和用品

实验室应备有急救箱，箱内备有下列常见的急救药品：

（1）消毒剂　如碘酒、一次性碘伏棉签、75%的酒精棉球等。

（2）外伤药　如龙胆紫药水、红汞水、消炎粉和止血粉。

（3）烫伤药　如烫伤油膏、凡士林、玉树油、甘油等。

（4）化学灼伤药　如 5%的碳酸氢钠溶液、2%的醋酸、1%的硼酸、5%的硫酸铜溶液、医用双氧水、三氯化铁的酒精溶液及高锰酸钾晶体。

（5）治疗用品　如药棉、纱布、创可贴、绷带、胶布、剪刀、镊子等。

（二）应急救护方法

1. 创伤出血

若伤口里有碎玻璃片，应先用消过毒的镊子取出来，如果出血较少且伤势并不严重，可在用生理盐水清洗之后，以创可贴覆于伤口。不主张在伤口上涂抹红药水或止血粉之类的药物，只要保持伤口干净即可。若伤口大且出血不止，应先止住流血，然后立刻赶往医院。

具体止血方法是，如手指出血，伤口处用干净纱布包扎，捏住手指根部两侧并且高举过心脏，因为此处的血管是分布在左右两侧的，采取这种手势能有效止住出血。使用橡皮止血带效果会更加好，但要注意，每隔二三十分钟必须将止血带放松几分钟，否则容易引起手指缺血坏死。

使用止血带时应注意以下事项：

（1）上止血带的部位要在创口近心端，尽量靠近创口，但不宜与创口面接触。

（2）在上止血带的部位，必须先衬垫绷带、布块，或绑在衣服外面，以免损伤皮下神经。

（3）绑扎松紧要适宜，太紧损伤神经，太松不能止血。

（4）绑扎止血带的时间要认真记录，每隔半小时（冷天）或者一小时应放松一次，放松时间 1~2min。绑扎时间过长则可能引起肢端坏死、肾功能衰竭。

2．烫伤

用流动的冷水冲洗烫伤部位以降低局部温度，至少应冲洗 10min 以上；降温时间越长，造成的损伤越小；不要使用冰块冷敷创口处，以免温度过低致使已经破损的皮肤伤口恶化；然后涂抹烫伤膏药，使用消毒纱布包扎。如果烫伤需要进一步的医疗处理，可以用保鲜膜或干净的塑料袋轻轻盖住伤口后送医。

3．误吞毒物

常用的解决方法是引起呕吐，给中毒者服催吐剂，如肥皂水、芥末水，或把 5~10mL 稀硫酸铜溶液加入一杯温水中服用，并用干净手指伸入喉部，引起呕吐，然后送医院治疗。

4．吸入毒气

中毒很轻时，通常只要把中毒者移到空气新鲜的地方，解松衣服（但要注意保温），安静休息即可。必要时可吸入氧气，但切记不要随便施行人工呼吸。中毒较严重者应立即送医院治疗。

5．触电

如果有人发生触电情况，首先立刻拔掉电源插头或关闭电源开关，若电源开关处有水或漏电的话，可以切断总电闸，或者将手裹上布之类的东西再拔电源。切记在没有切断电源的时候，千万不要用手去拉触电者。当触电者脱离电源后，把触电者轻轻地平放到通气良好的地方，注意不要让他人围观，不然会阻断空气流通。立即解开触电者领扣，使其能自由呼吸。如果触电者情况较为严重，出现呼吸困难的情况，要立刻为其做人工呼吸。若是失去知觉，应一面为其按摩使血脉流通，一面请医生，准备送医院。如果触电者已经没有了呼吸，心跳，应该立刻为其做人工呼吸，并不间断地按压心脏。同时马上让附近的人拨打急救电话。若附近有诊所，立即请医生来做急救。不要随便挪动触电者。

6．中暑

把患者移动到凉快的地方。脱掉衣服或者解开衣扣，用冷毛巾或湿布擦拭皮肤。给患者扇风。如果患者意识清醒，可以给他喝少量凉水或者口服藿香正气水、仁丹等降暑药。一旦出现高烧、昏迷等情况，应让患者侧卧，头向后仰，保持呼吸道通畅，同时将患者送院治疗或立即拨打 120 电话，求助医务人员给予紧急救治。

7．心脏骤停

心脏骤停是指心脏射血功能的突然终止，大动脉搏动与心音消失，重要器官（如脑）严重缺血、缺氧，导致生命终止。这种出乎意料的突然死亡，医学上又称猝死。心脏骤停的抢救必须争分夺秒，千万不要坐等救护车到来再送医院救治。

要当机立断采取以下急救措施进行心肺复苏。

（1）叩击心前区，一手托病人颈后，向上托，另一手按住病人前额向后稍推，使下颌上翘，头部后仰，有利于通气。用拳头底部多肉部分，在胸骨中段上方，离胸壁 20~30cm 处，突然、迅速地捶击一次。若无反应，当即做胸外心脏按压。让病人背垫一块硬板，同时做口对口人工呼吸。观察病人的瞳孔，若瞳孔缩小（是最灵敏、最有意义的生命征象），颜面、口唇转红润，说明抢救有效。

（2）针刺人中穴或手心的劳宫穴、足心涌泉穴，起到抢救作用。

（3）迅速掏出咽部呕吐物，以免堵塞呼吸道或倒流入肺，引起窒息和吸入性肺炎。

（4）头敷冰袋降温。

（5）急送医院救治。

8. 人工呼吸

昏迷患者或心跳停止患者在排除气道异物，采用徒手方法使呼吸道畅通后，如无自主呼吸，应立即予以人工呼吸，以保证不间断地向患者供氧，防止重要器官因缺氧造成不可逆性损伤。

（1）口对口呼吸　根据患者的病情选择打开气道的方法，患者取仰卧位，抢救者一手放在患者前额，并用拇指和食指捏住患者的鼻孔，另一手握住颏部（下巴）使头尽量后仰，保持气道开放状态，然后深吸一口气，张开口以封闭患者的嘴周围，向患者口内连续吹气 2 次，每次吹气时间为 1~1.5s，吹气量 1000mL 左右，直到胸廓抬起，停止吹气，松开贴紧患者的嘴，并放松捏住鼻孔的手，将脸转向一旁，用耳听有否气流呼出，再深吸一口新鲜空气为第二次吹气做准备，当患者呼气完毕，即开始下一次同样的吹气。如患者仍未恢复自主呼吸，则要进行持续吹气，成人吹气频率为 12 次/分，但是要注意，吹气时吹气容量相对于吹气频率更为重要，开始的两次吹气，每次要持续 1~2s，让气体完全排出后再重新吹气，1min 内检查颈动脉搏动及瞳孔、皮肤颜色，直至患者恢复复苏成功。若复苏不成功，则要准备做气管插管等抢救准备。

（2）口对鼻呼吸　当患者有口腔外伤或其它原因致口腔不能打开时，可采用口对鼻吹气，其操作方法是：首先开放患者气道，头后仰，用手托住患者下颌使其口闭住。深吸一口气，用口包住患者鼻部，用力向患者鼻孔内吹气，直到胸部抬起，吹气后将患者口部张开，让气体呼出。如吹气有效，则可见到患者的胸部随吹气而起伏，并能感觉到气流呼出。

第三节　实验室安全措施

一、实验室水电安全

我国是一个资源和能源短缺日益严重的国家，因此广泛地宣传节能降耗具有非常重要的意义。保证实验室的用水用电安全关乎每一个人的根本利益。这需要大家自觉养成良好的用水用电习惯。例如，白天工作、学习期间，尽量使用自然光源；光线不足时，则应根据需要开启电灯；保证人走灯灭，人走水关，坚决杜绝不关灯、不关水、不关空调的现象。在实验室中，严禁私拉乱接电源，严禁私自安装各类电器，保证合规的水电设施安全运行，如有故障或损坏，应及时联系有关部门维修。

（一）实验室安全用电

（1）用电设备在运行过程中，因受外界的影响如冲击压力、潮湿、异物侵入或因内部材料的缺陷、老化、磨损、受热、绝缘损坏以及因运行过程中的误操作等原因，有可能发生各种故障和不正常的运行情况，因此有必要对用电设备进行保护。

（2）对电气设备的保护一般有过负荷保护、短路保护、欠压和失压保护、断相保护及防误操作保护等。

（3）实验室电路容量、插座等应满足仪器设备的功率要求；大功率的用电设备需单独拉线。

（4）使用电力时，应先检查电源开关、电机和设备各部分是否完好。如有故障，应先排除，才可接通电源。

（5）使用电器设备时，切不可用湿润的手去开启电闸和电器开关。凡是漏电的仪器不要使用，以免触电。

（6）启动或关闭电器设备时，必须将开关扣严或拉妥，防止似接非接状况。使用电子仪器设备时，应先了解其性能，按操作规程操作，用后应切断电源，并将仪器各部分旋钮恢复到原来位置。若电器设备发生过热现象或有糊焦味时，应立即切断电源。

（7）人员较长时间离开房间或电源中断时，要切断电源，尤其是要注意切断加热电器设备的电源。

（8）对于长时间不间断使用的电器设施，需采取必要的预防措施。

（9）注意保持电线和电器设备的干燥，防止线路和设备受潮漏电；电器设备应远离热源和可燃物品，确保接地、接零良好。

（10）实验室内不应有裸露的电线头；电源开关箱内，不准堆放物品，以免触电或燃烧。

（11）要警惕实验室内发生电火花或静电，尤其在使用可能构成爆炸混合物的可燃性气体时，更需注意。如遇电线着火，首先应切断电源，用沙或二氧化碳灭火器灭火，无法切断电源时，切勿用水或导电的酸碱泡沫灭火器灭火。

（12）没有掌握电器安全操作的人员不得擅自变动电器设施，随意拆修电器设备；不准使用闸刀开关，木质配电板和花线等。

（13）使用高压电力和大电流装置时，应设置警示标识，遵守安全规定，穿戴好绝缘胶鞋、手套，或用安全杆操作。

（14）做实验时先接好线路，再插上电源，实验结束时必须先切断电源，再拆线路。

（15）有人触电时，应立即切断电源或用绝缘物体将电线与人体分离后，再实施抢救。

（二）实验室安全用水

（1）了解实验楼自来水各级阀门的位置。

（2）水龙头或水管漏水、下水道堵塞时，应及时联系修理、疏通。

（3）水槽和排水渠下水必须保持通畅。

（4）杜绝自来水龙头打开而无人监管的现象。

（5）定期检查冷却水装置的连接胶管接口和老化情况，及时更换。

（6）需在无人状态下用水时，要做好预防措施及停水、漏水的应急准备。

二、实验室消防安全

发生化学品火灾时，灭火人员不应单独灭火，人员出口应始终保持清洁和畅通，要选择正确的灭火剂，灭火时还应考虑人员的安全。

（一）实验室常见火灾原因

（1）易燃、易爆化学品存放、保管或使用不当。

（2）明火使用不当，如不按要求使用酒精灯等。

（3）电气设备过载，线路老化、短路等。

（4）高温仪器设备或静电防护不当引燃易燃物品。

（5）实验操作不当引燃化学反应生成的易燃物质。

（二）常见的灭火方式

实验室常见灭火器主要有干粉灭火器、二氧化碳灭火器和泡沫灭火器。此外也用水、沙土、灭火毯等灭火。常见灭火器的式样、构造及使用方法如图1所示，消防栓如图2所示。实验室常见灭火方式的类型及使用参见表1。

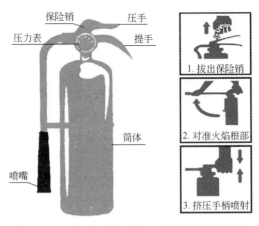

图 1   常见灭火器的式样、构造及使用方法

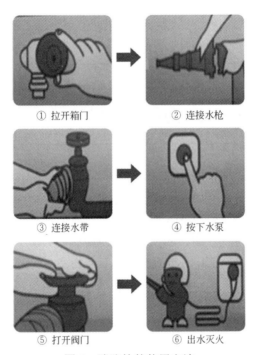

图 2   消防栓的使用方法

表 1   常见灭火方式及灭火器的使用

灭火方式	使用方法	适用范围	注意事项
干粉灭火器	拔出保险销,右手提起灭火器并按下压手(有喷射管的则用左手握住喷射管),喷嘴对准着火点横扫	适用于固体有机物质燃烧、液体或可熔化固体燃烧、可燃气体燃烧	1. 在距离燃烧物 3m 左右灭火,不可颠倒使用 2. 在室外,选择上风口灭火 3. 不适用于:钠、镁、钾等金属燃烧引起的火灾,一般固体深层火或者潜伏火

灭火方式	使用方法	适用范围	注意事项
二氧化碳灭火器	拔出保险销，右手提起灭火器并按下压手，左手握住软管，喷嘴对准着火焰根部喷射	适用于液体或可熔化固体燃烧、可燃气体燃烧、电器引起的火灾	1. 在距离燃烧物2m左右灭火 2. 在室外有风时效果不佳 3. 喷射时切勿接触喷管金属部分，以免冻伤 4. 不适用于：钠、镁、钾等金属燃烧引起的火灾
泡沫灭火器	一只手紧握提环，另一只手将筒体翻转，使射流对准燃烧物喷射	适用于各种油类、木制品、橡胶等引起的火灾；不适用于电器火灾	1. 喷嘴需定期检查，防止堵塞导致使用时出现炸裂 2. 内装药液需定期更换 3. 平时不要摇动灭火器 4. 灭火器存放需防冻、避高温
水	用水将火焰扑灭	适合大部分火灾情况	一般不宜在化学实验室使用，也不宜用于通电设备
沙土	将沙子盖撒在着火物体上	适用于一切不能用水扑灭的火灾	沙土要保持干燥
灭火毯	1. 火灾初始阶段，使用灭火毯直接覆盖住火源，直至着火物熄灭 2. 在发生火灾时，覆盖在身上，用于逃离火场	主要适用初期火灾。也可用于逃生	放在方便取用之处，如有损坏或污损应及时更换

（三）实验室防火安全须知

（1）实验室内必须存放一定数量的消防器材，置于便于取用的明显位置，指定专人管理。全体人员要爱护消防器材，并且按要求定期检查更换。

（2）实验室内存放的一切易燃、易爆物品必须与火源、电源保持一定距离，不得随意堆放、使用和存储。存放有易燃、易爆物品的实验室，严禁烟火。

（3）操作、倾倒易燃液体时，必须远离火源。加热易燃液体必须在水浴上或密封电热板上进行，严禁用火焰或火炉直接加热。

（4）使用酒精灯时，酒精切勿装满，应不超过其容量的三分之二，灯内酒精不足四分之一时，应灭火后添加酒精。燃着的酒精灯应用灯盖熄灭，不可用嘴吹熄灭，以防引起灯内酒精燃起。

（5）对易燃液体的废液，应设置专门废液容器收集，不得倒入下水道，以免引起爆炸或火灾事故。

（6）可燃性气体钢瓶与助燃气体钢瓶不得混放，各种钢瓶不得靠近热源、明火，禁止碰撞与敲击。

（7）实验室内未经批准、备案，不得使用大功率用电设备，以免超出用电负荷。

（8）禁止在楼内走廊上堆放物品，保证消防通道畅通。

（四）实验室火灾/爆炸预防

（1）严禁在开口容器或密闭体系中用明火加热有机溶剂（若需加热，必须有蒸汽冷凝装置或合适的尾气排放吸收装置）。

（2）废溶剂应设置专门废液收集容器，集中处理，不得倒入下水道，以免引起爆炸或火灾事故。

（3）金属钠严禁与水接触，废金属钠通常用乙醇进行销毁。

（4）不得在烘箱内存放、干燥、烘焙有机物。

（5）使用氧气钢瓶时，不得让氧气大量溢入室内。

（6）经常检查气路管道、阀门，并保持完好。

（7）开启易挥发液体的瓶盖时，须充分冷却后才能开启，开启时瓶口应指向无人处。

（8）操作大量可燃性气体时，应防止气体逸出，保持室内通风良好，严禁使用明火。

（9）特别注意某些有机物遇氧化剂会剧烈燃烧或爆炸。存放药品，应将有机药品和强氧化剂分开存放。

（五）实验室火灾处置

在失火初期尚未扩大到不可控制之状态前，应使用适当的移动式灭火器（例如灭火器、灭火毯、沙箱）来扑灭或控制火情，并迅速切断进入事故地点的一切可燃物料，然后立即启用现有各种消防设备、器材扑灭初期火灾和控制火源。

若发生大面积火灾，实验人员已无法控制，应立即报警（119），通知所有人员沿消防通道紧急疏散；按照"先人员、后物资，先重点、后一般"的原则抢救被困人员及贵重物资；有人员受伤时，立即拨打120急救电话，并向上级有关部门报告现场情况请求支援。

人员撤离到预定地点后，应立即组织清点人数，对未到人员尽快确认所在的位置。

三、实验室化学品安全

（一）危险化学品目录及分类

关于危险化学品的管理，我国目前已公布的标准有新版的《化学品分类和标签规范》系列国家标准（GB 30000.2~30000.29—2103）、《危险货物分类和品名编号》（GB 6944—2012）、《危险货物品名表》（GB 12268—2012）、《化学品安全标签编写规定》（GB 15258—2009）等。

危险化学品目录（2015 版）中关于危险化学品的分类采纳了我国 2013 年发布的《化学品分类和标签规范》（GB 30000.X 系列国家标准）。该系列标准是我国执行联合国 GHS 法规的具体措施之一，其中关于化学品危害的分类标准与联合国 GHS 第 4 修订版完全一致，将化学品的危害分为物理危害、健康危害和环境危害 三大类，28 个大项和 81 个小项，其中 1~16 为物理危害，17~26 为健康危害，27 和 28 为环境危害。具体如表 2 所示。

表 2　新版危险化学品目录

编号	危险种类	危险类别	分类标准
1	爆炸物	不稳定爆炸物、1.1、1.2、1.3、1.4	GB 30000.2
2	易燃气体	类别 1、类别 2、化学不稳定性气体 类别 A、化学不稳定性气体类别 B	GB 30000.3
3	气溶胶（又称气雾剂）	类别 1	GB 30000.4
4	氧化性气体	类别 1	GB 30000.5
5	加压气体	压缩气体、液化气体、冷冻液化 气体、溶解气体	GB 30000.6
6	易燃液体	类别 1、类别 2、类别 3	GB 30000.7
7	易燃固体	类别 1、类别 2	GB 30000.8
8	自反应物质和混合物	A 型、B 型、C 型、D 型、E 型	GB 30000.9
9	自燃液体	类别 1	GB 30000.10
10	自燃固体	类别 1	GB 30000.11
11	自热物质和混合物	类别 1、类别 2	GB 30000.12
12	遇水放出易燃气体的物质和混合物	类别 1、类别 2、类别 3	GB 30000.13
13	氧化性液体	类别 1、类别 2、类别 3	GB 30000.14
14	氧化性固体	类别 1、类别 2、类别 3	GB 30000.15
15	有机过氧化物	A 型、B 型、C 型、D 型、E 型、F 型	GB 30000.16
16	金属腐蚀物	类别 1	GB 30000.17
17	急性毒性	类别 1、类别 2、类别 3	GB 30000.18
18	皮肤腐蚀/刺激	类别 1A、类别 1B、类别 1C、类别 2	GB 30000.19
19	严重眼损伤/眼刺激	类别 1、类别 2A、类别 2B	GB 30000.20
20	呼吸道或皮肤致敏	呼吸道致敏物 1A、呼吸道致敏物 1B、 皮肤致敏物 1A、皮肤致敏物 1B	GB 30000.21
21	生殖细胞致突变性	类别 1A、类别 1B、类别 2	GB 30000.22
22	致癌性	类别 1A、类别 1B、类别 2	GB 30000.23
23	生殖毒性	类别 1A、类别 1B、类别 2、附加类别	GB 30000.24
24	特异性靶器官毒性——一次接触	类别 1、类别 2、类别 3	GB 30000.25
25	特异性靶器官毒性——反复接触	类别 1、类别 2	GB 30000.26
26	吸入危害	类别 1	GB 30000.27
27	危害水生环境	急性危害：类别 1、类别 2； 长期危害：类别 1、类别 2、类别 3	GB 30000.28
28	危害臭氧层	类别 1	GB 30000.29

（二）实验室常见化学品

1．有机溶剂类

许多有机溶剂如果处理不当会引起火灾、爆炸、中毒事故。表3列出了几种常用有机溶剂的闪点、自燃温度、燃烧范围（在空气中的比例）。

表3　常用有机溶剂的闪点、自燃温度和燃烧范围

有机溶剂	闪点/℃	自燃温度/℃	燃烧范围/%
乙醚	−45	180	1.85~48
丙酮	−18	538	3~13
乙酸乙酯	−4.4	427	2.8~11.5
甲苯	4.4	536	1.4~6.7
乙醇	12	423	3.3~19
异丙醇	12	399	2.3~12.7

有机溶剂和空气的混合物一旦燃烧，便迅速蔓延，火力之大可以在瞬间点燃易燃物体，在氧气充足的地方着火，火力更加凶猛，可使一些不易燃烧物质燃烧。化学气体和空气的混合物燃烧会引起爆炸（如 3.25g 丙酮气体燃烧释放的能量相当于 10g 炸药）。

有些溶剂有较高的生物毒性（如苯、氯仿、二硫化碳），有些溶剂具有很强的皮肤渗透性，会将溶质从皮肤传到血液。在使用溶剂时，应在通风良好的环境中操作，需要特别注意溶剂的化学性质、闪点、自燃温度、燃烧范围以及生物毒性等。有条件的情况下，应在通风橱中操作。

2．酸碱化学品

人体接触到任何酸性或者碱性化学品（包括沾染、误吸、误服）都具有潜在的危险性，特别是接触到高浓度的强酸性或者强碱性化学品更具有危险性。一旦吸入、食入、沾染皮肤就会腐蚀人体组织器官，造成永久性的伤害。如果救治不及时，这种伤害甚至是致命的。常见的酸性化学品有：硫酸、发烟硫酸、盐酸、硝酸、五氯化硫、磷酸、甲酸、氯乙酰氯、冰醋酸、氯磺酸等。碱性化学品有：氢氧化钠、氢氧化钾、硫化钠、乙醇钠、二乙醇胺、水合肼等。

3．有毒有害化学品

（1）剧毒类化学品：无机剧毒类，如氰化物、砷化物、硒化物；汞、铊等重金属的化合物等；有机剧毒类，如硫酸二甲酯、四乙基铅、醋酸苯等。

（2）毒害化学品：无机毒害类，如汞、铅、钡、氟的化合物等；有机毒害类，如甲苯二异氰酸酯、苯胺等。表4给出了有毒有害化学品的分类。

表4 有毒有害化学品分类

级 别	毒物名称
极度危害（Ⅰ级）	汞及其化合物、苯、砷及其有机物、氯乙烯、铬酸盐与重铬酸盐、黄磷、铍及其化合物、对硫磷、羟基镍、锰及其化合物、八氟异丁烯、氯甲醚、氰化物
高度危害（Ⅱ级）	三硝基甲苯、铅及其化合物、二氧化硫、氯、丙烯腈、四氯化碳、硫化氢、甲醛、苯胺、氟化氢、五氯酚及其钠盐、铬及其化合物、敌百虫、钒及其化合物、溴化烷、硫酸二甲酯、金属镍、甲苯二异氰酸酯、环氧氯丙烷、砷化氢、敌敌畏、光气、氯丁二烯、一氧化碳、硝基苯
中毒危害（Ⅲ级）	苯乙烯、甲醇、硝酸、硫酸、盐酸、甲苯、三甲苯、三氯乙烯、二甲基甲酰胺、六氟丙烯、苯酚、氮氧化物
轻度危害（Ⅳ级）	溶剂汽油、丙酮、氢氧化钠、四氟乙烯、氨

4．易制毒化学品

（1）易制毒化学品由于可以用于毒品制造，因此受到国家的严格控制。对此类化学品的采购、运输、使用、贮存等具有特别的管理办法，执行参照剧毒品的"双人收发、双人记账、双人双锁、双人运输、双人使用"的五双管理办法。

（2）我国列管了三类共28个品种的易制毒化学品，第一类主要是用于制造毒品的原料，第二类、第三类主要是用于制造毒品的配剂。具体种类见表5。

表5 易制毒化学品

| 第一类 | 1．1-苯基-2-丙酮
2．3,4-亚甲基二氧苯基-2-丙酮
3．胡椒醛
4．黄樟素
5．黄樟油
6．异黄樟素
7．N-乙酰邻氨基苯酸
8．邻氨基苯甲酸
9．麦角酸*
10．麦角胺*
11．麦角新碱*
12．麻黄素、伪麻黄素、消旋麻黄素、去甲麻黄素、甲基麻黄素、麻黄浸膏、麻黄浸膏粉等麻黄素类物质*
13．N-苯乙基-4-哌啶酮
14．4-苯氨基-N-苯乙基哌啶
15．N-甲基-1-苯基-1-氯-2-丙胺 | 第二类 | 1．苯乙酸
2．醋酸酐
3．三氯甲烷
4．乙醚
5．哌啶
6．1-苯基-1-丙酮（苯丙酮）
7．溴素（液溴） |
| | | 第三类 | 1．甲苯
2．丙酮
3．甲基乙基酮
4．高锰酸钾
5．硫酸
6．盐酸 |

说明：1．第一类、第二类所列物质可能存在的盐类，也纳入管制；

2．带有*标记的品种为第一类中的药品类易制毒化学品，第一类中的药品类易制毒化学品包括原料药及其单方制剂。

46

（三）实验室化学品贮存

1．一般原则

（1）根据危险品条例，大量的危险品应贮存在危险品仓库内。只有少量实验用的化学品可以存放在实验室内。

（2）存放化学品的场所必须整洁、通风、隔热、安全、远离热源和水源。

（3）贮存容器必须清楚标明化学品的名称、危险类别、特别预防措施及紧急应变资料。

（4）应定期检查所存储的化学品，发现化学品标签模糊不清或脱落，应立即更换。发现试剂变质、泄漏等迹象，要及时处理。

（5）用电冰箱贮存的液体样本必须密封保存，再置于防漏托盘上。

（6）化学品应分类存放，不相容的化学品切勿存放在一起，应物理隔离存放。

2．危险品分类存放要求

（1）易燃溶剂　应存放在化学品存储柜或通风位置，远离热源、电源。切勿将易燃物质贮存在普通电冰箱中，应将其置于标明可储存易燃物品的防爆电冰箱或防爆冷藏柜。

（2）腐蚀品　应放在防腐蚀试剂柜的下层；也可下垫防腐蚀托盘，置于普通药品柜的下层。

（3）易产生有毒化学烟气的化学品　单独存放于带有通风装置的药品柜中。

（4）剧毒化学品　实验室不得存储剧毒品，没有用完的剧毒品应于当天送还至实验物资仓库。实行"双人收发、双人记账、双人双锁、双人运输、双人使用"的五双制度。

（5）燃爆类固体　与易燃物、氧化剂隔离，宜存于20℃以下环境。

（6）致癌物　须存放于装有双重防漏装置的容器内。

（7）相互作用化学品　隔离存放。

（8）特别保存物品　金属钠、钾等碱金属保存在煤油中，黄磷保存在水中；此两种药品容易混淆，需要特别隔离存放。

（四）化学品的安全操作

1．防止中毒

（1）一切药品瓶上必须有标签；对于剧毒药品，必须有专门的使用、保管制度。在使用过程中如有毒药品撒落，应马上收起并洗净落过毒物的桌面和地面。

（2）使用有毒物质时，要准备好或戴好防毒面具、橡皮手套，有时要穿防毒衣装。

（3）严禁试剂入口，严禁以鼻子接近瓶口鉴别试剂。

（4）严禁食具和仪器互相代用，离开实验室、饮食前一定要洗净双手。

（5）使用或处理有毒物品时应在通风橱内进行，且头部不能进入通风橱内。

2．防止燃烧和爆炸

（1）挥发性药品应放在通风良好的地方，存放易燃药品处应远离热源。

（2）室温过高时使用挥发性药品应设法先进行冷却，再开启，且不能使瓶口对着自己或他人的脸部。

（3）在实验中要除去易燃、易挥发的有机溶剂时，应用水浴或封闭加热系统进行，严禁用明火直接加热。

（4）身上或手上沾有易燃物时，不能靠近灯火，应立即洗净。

（5）严禁将氧化剂与可燃物一起研磨。

（6）易燃易爆类药品及高压气瓶等，应放在低温处保管，移动或启用时不得剧烈晃动，高压气体的出口不得对着人。

（7）易发生爆炸的操作不得对着人进行。

（8）装有挥发性药品或受热分解放出气体的药品瓶，最好不用石蜡封瓶塞。

3．防止腐蚀、化学灼伤、烫伤

（1）取用腐蚀性、刺激性药品时应戴上橡皮手套；用移液管吸取有腐蚀性和刺激的液体时，必须用洗耳球操作。

（2）开启大瓶液体药品时，须用锯子将石膏锯开，严禁用其它物体敲打。

（3）在压碎或研磨苛性碱和其它危险固体物质时，要注意防范小碎块溅散，以免伤眼睛、脸部等。

（4）稀释浓硫酸等强酸时须在烧杯等耐热容器内进行，且必须在搅拌下将强酸缓慢地加入水中；溶解氢氧化钠、氢氧化钾等固体药品时会发热，也要在烧杯等耐热容器内进行。如需将浓酸或浓碱中和，则必须先进行稀释。

（5）从烘箱、马弗炉内等仪器中拿出高温烘干的仪器或药品时应使用坩埚钳或戴上手套，以免烫伤。

四、实验室常见仪器设备的安全使用

（一）通风柜的安全使用

（1）通风柜内及其下方的柜子中，原则上不可以存放化学品。

（2）使用前，检查通风柜内的抽风系统和其它功能是否运作正常。

（3）应在距离通风柜至少 15cm 的地方进行操作；操作时应尽量减少在通风柜内以及调节门前进行大幅度动作，减少实验室内人员移动。

（4）切勿贮存会伸出柜外妨碍玻璃视窗开合或会阻挡导流板下方开口处的物品和设备。

（5）切勿用物件阻挡通风柜口和柜内后方的排气槽。确需在柜内储放必要物品时，应将其垫高，置于左右侧边上，同通风柜的台面隔空，以使气流能从其下方通过，且远离污染产生源。通风柜的通风原理如图 3 所示。

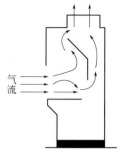

图 3 通风柜通风原理

（6）切勿把纸张、一次性手套、保鲜膜等较轻的物件堵塞于排气出口处。

（7）进行实验时，人员头部以及上半身绝不可伸进通风柜内；操作人员应将玻璃视窗调节至手肘处，使胸部以上受玻璃视窗所屏护。

（8）通风柜内禁止存放与实验无关的物品，尤其不得存放一次性手套、纸张等轻质物品，以免被吸入通风管道，导致风机阻力突然变大而电流升高烧坏电机。

（9）人员不操作时，应确保玻璃视窗处于关闭状态。

（10）若发现故障，切勿进行实验，应立即关闭柜门并联系维修人员检修。定期检测通风柜的抽风能力，保持其通风效果。

（11）通风柜上应有明显的警示牌，警示告知其他人员，以免造成一些不必要的伤害。

（二）制冷设备的安全使用

1．冰箱、冰柜、冷冻干燥机的安全使用

（1）冰箱应放置在通风良好处，周围不得有热源、易燃易爆品、气瓶等，且保证一定散热空间。

（2）严禁在冰箱和冰柜内混放食品、化学品、生物制剂。

（3）放于冰箱和冰柜内的所有物品均需密闭包装，须粘贴标签，并定期清理冰箱。

（4）危险化学品须贮存于防爆冰箱或经过防爆改造的冰箱内，冰箱外应贴有警示标识。

（5）存放强酸强碱及腐蚀性的物品必须选择耐腐蚀的容器，并且存放于防腐蚀托盘内。

（6）存放在冰箱内的试剂瓶烧瓶等重心较高的容器应加以固定，防止因开关冰箱门时造成倒伏或破裂。

（7）需要冷冻干燥的溶液必须在干冰中预冷至结冰后，再放入冷冻干燥机。冷冻干燥机在使用后必须除霜。

（8）若冰箱停止工作，必须及时转移化学药品并妥善存放。

2．冷阱的安全使用

（1）冷阱主要用来保护油泵免受挥发性、腐蚀性气体的损坏。液氮和干冰是最常用的冷却剂。制冷剂一般会产生下列危险：因低温引起皮肤冻伤；中毒（如溶剂、二氧化碳引起）；燃烧（氧气、溶剂引起）；窒息（大量氮气泄漏）；容器因脆化或加压而损坏等。

（2）由于干冰的温度很低，容易冻伤皮肤，因此必须戴上手套或用钳子、铲子等工具进行操作。

（3）在减压蒸馏，真空升华时，应用两个冷阱保护油泵。

（4）在完成实验后，冷阱应放置在通风橱内，让其缓慢升温挥发后作为化学废物处理。

3．液氮的安全使用

（1）少量的液氮可以产生很多气体，在密闭的较小房间内液氮的快速蒸发可能会造成现场空气缺氧，使人窒息。

（2）处理接触液氮的任何事情都要戴上防护手套。

（3）穿着长度过膝的长袖实验服。

（4）穿着封闭式的鞋，戴好防护眼镜，必要时戴上防护面罩。

（5）保持环境空气流通。

（三）气体钢瓶安全使用

气体钢瓶是储存压缩气体的特制的耐压钢瓶。气瓶的安全存放和使用（图4）在实验室中具有相当重要的地位。

图4　气体钢瓶安全存放示意图

（1）使用单位要确保采购的气体钢瓶质量可靠，标识准确、完好，不得擅自更改气体钢瓶的钢印和颜色标识。常用气体钢瓶颜色标志见表6。

表6　常用气体钢瓶的颜色

钢瓶颜色	气体名称
黑色	空气、氮气
天蓝色	氧气
淡绿色	氢气
深绿色	氯气
淡黄色	氨气
白色	乙炔、氟、一氧化氮、二氧化氮、碳酰氯、砷化氢、磷化氢、乙硼烷
棕色	甲烷、乙烷、丙烷、环丙烷、乙烯、丙烯
铝白色	二氧化碳、氟素系烷烃
银灰色	惰性气体、甲胺、二甲胺、三甲胺、乙胺、二甲醚、环氧乙烷、硫化氢等

（2）压缩气体钢瓶应远离热源、火种，置通风阴凉处，防止日光曝晒，严禁受热，配备应急救援设施、气体检测和报警装置。

（3）可燃性气体钢瓶必须与氧气钢瓶分开存放，周围不得堆放任何易燃物品，易燃气体，严禁接触火种。

（4）压缩气体钢瓶应直立使用，务必放置于钢瓶柜内或用框架或栅栏围护固定于墙上，以防止倾倒。做好气体钢瓶和气体管理标识，有多种气体或多条管路时需制定详细的供气管路图。气体钢瓶的固定如图5所示。

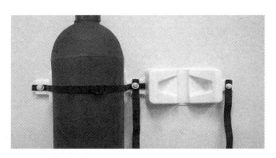

图5　气体钢瓶固定示意图

（5）禁止随意搬动敲打钢瓶，经允许搬动时应使用钢瓶推车，做到轻搬轻放。

（6）使用时要注意检查钢瓶及连接气路的气密性，确保气体不泄漏。使用钢瓶中的气体时，要用减压阀（气压表）。各种气体的气压表不得混用，以防爆炸。涉及有毒气体时应增加局部通风。

（7）使用完毕按规定关闭阀门，主阀应拧紧不得泄露。养成离开实验室时检查气瓶的习惯。

（8）不可将钢瓶内的气体全部用完，一定要保留 0.05MPa 以上的残留压力（减压阀表压）。并与装有气体的钢瓶（实瓶）分开存放，钢瓶上附明显标志。

（9）为了避免各种气体混淆而用错气体，通常在气瓶外面涂以特定的颜色以便区别，并在瓶上写明瓶内气体的名称。

（10）绝不可将油或其它易燃性有机物沾在气瓶上（特别是气门嘴和减压阀）。也不得用棉、麻等物堵住，以防燃烧引起事故。

（11）供气管路需选用合适的管材。易燃、易爆、有毒的危险气体（乙炔除外）连接管路必须使用金属管；乙炔的连接管路不得使用铜管。

（12）使用后，必须关闭气体钢瓶上的主气阀，然后释放调节阀内的多余气压。

（13）各种气瓶必须按国家规定进行定期检验，使用过程中必须要注意观察钢瓶的状态，如发现有严重腐蚀或其它严重损伤，应停止使用并提前报检。

（14）对于气体钢瓶有缺陷、安全附件不全或已损坏、不能保证安全使用时，需退回供气商或请有资质的单位进行及时处置。

（四）温度计的安全使用

实验室常用温度计一般有酒精温度计、水银温度计、石英温度计及热电偶等。低温酒精温度计测量范围-80~+50℃，酒精温度计常用测量范围 0~80℃，水银温度计常用测量范围 0~360℃；高温石英温度计测量范围 0~500℃；热电偶温度计一般为仪器自带，实验中一般不直接接触物料。实验人员应选用合适的温度计。特别注意温度计不能当作玻璃搅拌棒使用，以免折断。水银温度计破碎后散落的水银应尽量拾起来（注意做好防护措施），颗粒直径大的汞可以用洗耳球吸收，然后用硫黄覆盖，开窗通风。数日后再进行清理。

（五）注射器的安全使用

使用注射器时要防止针头刺伤及针筒破碎伤害手部，针头和针筒要旋紧防止渗漏。用过的注射器一定要及时清洗，无用的针筒应该先毁坏再处理，以防别人误用。

（六）玻璃仪器的安全使用

正确使用各种玻璃仪器对于减少人员伤害事故及保证实验室的安全非常重要。实验室中不允许使用破损的玻璃仪器。对于不能修复的玻璃仪器，应当按照固体废物处理。在修复玻璃仪器前应清除其中所残留的化学品。

在橡皮塞或橡皮管上安装玻璃管时，应戴防护手套。先将玻璃管的两端用火烧光滑，并用润滑剂（常用水或凡士林）使接口处润滑。对黏结在一起的玻璃仪器，不要试图用力拉开，以免伤手。

杜瓦瓶外面应该包上一层胶带或其它保护层，以防止破碎时玻璃屑飞溅。玻璃蒸馏柱也应有类似的保护层。使用玻璃仪器进行非常压操作时，应当在保护挡板后进行。

破碎的玻璃应放入专门的垃圾桶。放入之前，应用水冲洗干净。

不要将加热的器皿放在过冷的台面上，以防止温度急剧变化而引起玻璃仪器破碎。

 ## 第四节　实验室环保知识

建设美丽国家，保护生态环境是每一个公民义不容辞的责任和义务。实验室中有毒、有害废弃物种类繁多、成分复杂，需要严格科学的管理和高度负责的态度。不断加强自身保护及环境保护意识，是实验室管理工作中非常重要的一环，必须引起大家的高度重视。

为减少教学科研活动对生态环境的污染，化学实验室应当遵循减少危险废物产生、充分合理利用危险废物和无害化处置危险废物的原则。提倡利用多媒体技术，采用虚拟仿真实验方式进行一些实验条件复杂、危险性大、必须使用较多有毒有害试剂、排放较多有毒气体或有毒废水的实验教学活动，以消除危险废物的产生。对于无法进行虚拟仿真的实验，应遵循减量化的原则，尽量减少试剂用量，减少废弃物排放。还可以通过可用物质回收实现实验室危险废物的再利用，或者采用无污染或少污染的新工艺、新设备，或者尽可能采用无毒无害或低毒低害的实验材料，从而最大限度地减少实验室危险废物的产生。

然而化学工程与技术是一门高度实践性的学科，必定需要做一些实验进行检验和探索，必然会在实验过程中产生一些"三废"（废气、废液、废渣）物质、实验用剧毒物品（麻醉品、药品）残留物等，这需要我们采用如图6所示的流程来处理。

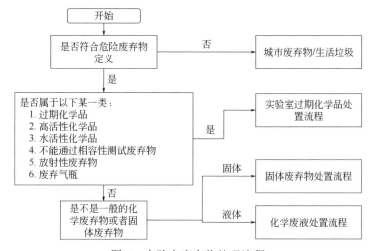

图6　实验室废弃物处理流程

一、废气环保处理

实验室中的少量废气一般可以利用大量空气来稀释并通过通风装置直接排放到室外，但排气管必须高于附近屋顶 3m，毒性大的气体则可以参考工业废气处理办法用吸附、吸收、氧化、分解等方法处理后再排放。其中实验过程中若产生大量下列某种废气时，应按相应的方式进行操作。

（1）瓶装化学气体　主要是钢瓶中的压缩化学气体。拟报废时，应向相关职能部门申报，请专业人员进行处置。

（2）卤素、酸气、甲醛等　用氢氧化钠稀溶液进行吸收。

（3）碱性气体（如氨气、胺类等）　用稀酸进行吸收。

（4）一氧化碳气体　可点燃转化为二氧化碳气体后排放。

（5）有机气体　用活性炭、分子筛等吸附剂吸附。

（6）水溶性气体　如氯化氢、氨气等，用水吸附。

（7）汞蒸气及其它　长期吸入汞蒸气会慢性中毒。为了减少汞液面的蒸发，可在汞液面上覆盖化学液体，甘油效果最好，5%的 Na_2S 水溶液效果次之，水效果最差。对于溅落的汞，应尽量拾起来（注意做好防护措施），颗粒直径大的汞可以用洗耳球吸收。此外，紫外辐射激发产生的臭氧可使分散在物体表面和缝隙中的汞氧化为不溶性的氧化汞。

二、废液环保处理

实验室废液是化学性实验室、生化性实验室、物理性实验室以及校内实习场所产生的主要废弃物。一般的实验室废液可分为：①有机溶剂废液；②卤化有机溶剂废液；③无机溶剂废液，如重金属废液、无机废酸、无机废碱液等。实验室必须设置专门的废液暂存储区域，张贴明显的标志和标线，并且将废液收集桶放置在防腐蚀托盘上，如图 7 所示。

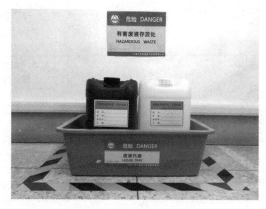

图 7　废液暂存区

实验过程中，不能将有害、有毒废液随意倒进水槽及排水管道。不同废液在倒进废液桶前要检测其相容性，按标签指示分门别类倒入相应的废液收集桶中，禁止将不相容的废液混装在同一废液桶内，以防发生化学反应而燃烧或爆炸（参见图8所示的化学废液相容图）。每次倒入废液后须立即盖紧桶盖。特别注意，对含重金属的废液，不论浓度高低，必须全部回收。常见废液处理方法如下所述。

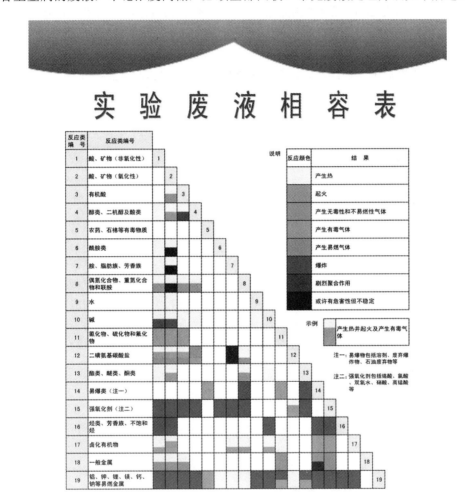

图8　废液相容图

（1）废酸和废碱液：两者相互中和，至 pH=7 左右，然后用大量水冲稀排放。
（2）含汞、砷、锑、秘等离子的重金属废液：在废液中加入 Na_2S，控制酸度

0.3mol/L，使其形成硫化物沉淀，以废渣的形式处理。

（3）含氰废液：氰化物为剧毒物质，必须认真处理。少量废液可以加入强碱使 pH 值在 10 以上，然后加入过量的 3%高锰酸钾溶液，将 CN⁻氧化分解。如含量高，可加入过量的次氯酸盐和强碱溶液。

（4）普通有机废液：若废液量过多，且主成分是有回收价值的溶剂，应通过蒸馏的方式回收使用。无回收价值的废液，应贮存在废液回收瓶中，贴好标签，待有关部门统一集中处理。

（5）有机卤化物废液：不可与普通有机废液混装，应单独收集贮存在有机卤化物废液回收瓶中，贴好标签，待有关部门统一集中处理。

（6）剧毒废液：应分类暂存在单独的容器中，不能将几种剧毒废液混装，容器外贴好标签并做好详细记录，积存到一定量时，应及时通知有关部门统一集中处理。

三、废渣环保处理

废渣处理的总体原则为：有回收价值的废渣应收集起来统一处理，回收利用。无回收价值的有害、有毒废渣，也不能随意掩埋或者丢弃。废渣必须放入专门的固体废弃物收集桶中。

实验中产生的一般可燃性废渣（如纸屑、木片、废塑料等）直接排往工业垃圾桶。废液处理产生的沉淀以及其它有害固废物，放入专门的固体废弃物收集桶妥善保管。锐器（包括针头、小刀、金属和玻璃等）类固体废弃物应直接弃置于耐扎的容器内，并贴好标签。自燃性固体废弃物应消除自燃风险后，按照消除风险后的性状再处理。危险化学品的空器皿、包装物等，必须完全消除危害后，才能改为他用或弃用。

四、实验用剧毒物品及放射性废弃物的处理

实验用剧毒物品的残渣或过期的剧毒物品由各实验室统一收存，妥善保管待有关部门统一处理。

盛装、研磨、搅拌剧毒物品的工具必须固定，不得挪作他用或乱扔乱放，使用后的包装必须统一存放、处理。

带有放射性的废弃物必须放入指定的具有明显标志的容器内封闭保存，报有关部门统一处理。

过期固体药剂、浓度高的废试剂必须以原试剂瓶包装，定期报有关部门回收，等待统一处理，不得随便掩埋或并入废液桶内处理。

第三章

化学工程实验

一、实验目的

（1）了解停留时间分布的实验测定方法及相关数据处理方法；

（2）通过脉冲示踪法测定实验反应器内示踪剂浓度随时间的变化关系；

（3）求出停留时间分布密度函数 $E(t)$ 和停留时间分布函数 $F(t)$、停留时间分布数学特征值——数学期望和方差，并和多级混合模型或轴向扩散模型关联，确定模型参数——虚拟级数 N 或 Pe。

二、实验原理

在一个连续流动反应器内，流体的速度分布一般是不均匀的。由于某些流体微元运动方向与主体流动方向相反，以及由于一些内部构件等原因，使反应器内的流体在流动时可能产生不同程度的返混。在反应器设计、放大和操作时，往往需要知道反应器中返混程度的大小，而通过测定停留时间分布能定量描述返混程度的大小。因此停留时间分布测定技术在化学反应工程领域有重要的地位。

停留时间分布可用分布函数 $F(t)$ 和分布密度函数 $E(t)$ 来表示，两者的关系为：

$$F(t) = \int_0^t E(t)\mathrm{d}t \tag{1}$$

$$E(t) = \frac{\mathrm{d}F(t)}{\mathrm{d}t} \tag{2}$$

测定停留时间分布最常用的方法是阶跃示踪法和脉冲示踪法。

阶跃法可以表示为：

$$F(t) = \frac{c(t)}{c_0} \tag{3}$$

而脉冲法的数学表达式为：

$$E(t) = \frac{U}{Q_\lambda}c(t) \tag{4}$$

式中　$c(t)$——时间 t 时反应器出口的示踪剂浓度；

　　　c_0——阶跃示踪时反应器入口的示踪剂浓度；

　　　U——流体的流量；

　　　Q_λ——脉冲示踪瞬间注入的示踪剂量。

由此可见，若采用阶跃示踪法，通过测定出口示踪剂浓度的变化，即可得到

58

分布函数 $F(t)$；而如果采用脉冲示踪法，则通过测定出口示踪剂浓度的变化，就可得到分布密度函数 $E(t)$。

三、实验装置和流程

本实验采用脉冲示踪法分别测定单釜与三釜串联反应器的停留时间分布。采用氯化钾（KCl）为示踪剂，通过测定水的电导率确定氯化钾的浓度。测定是在不存在化学反应的情况下进行的。图 1 和图 2 为实验流程图，图 3 为计算机界面，实物装置如图 4 所示。

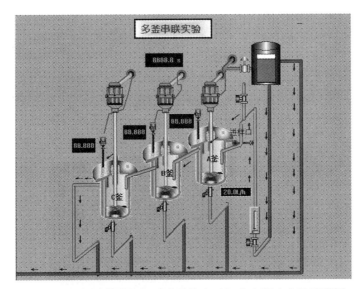

图 1　三釜串联连续均相反应器停留时间分布测定实验流程图

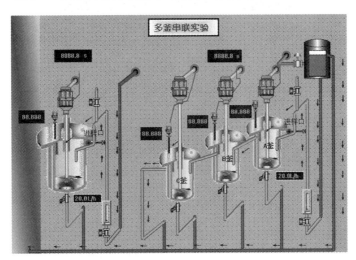

图 2　单釜与三釜串联连续均相反应器停留时间分布测定实验流程图

图 3 连续均相反应器停留时间分布测定实验计算机界面图

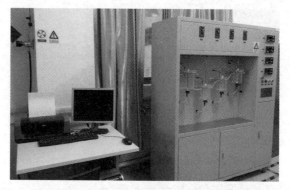

图 4 连续均相反应器停留时间分布测定实验实际装置

四、实验步骤

（1）开启水龙头使流量稳定；

（2）接通搅拌器电源，慢速启动电机，将转速调至所需的稳定值；

（3）接通各电导率仪电源，调整电极常数与电极上标出的数值一致；

（4）检查数模转换器连线，接通电源；

（5）启动计算机，在 Windows 桌面上双击图标启动采集软件，得到图 3 所示的界面图；

（6）用针筒在反应器的入口快速注入一定量的浓度为 1.7mol/L 的氯化钾溶液，同时单击计算机界面上的"开始实验"，计算机开始实时采集数据；

（7）待反应器内氯化钾浓度不再变化后，单击"退出"以结束采集。接着退出"组态环境"，进入"数据计算与分析"，可浏览实验结果，最后可打印出计算结果与图形。

五、实验数据记录

将实验数据列于表 1 和表 2。

表 1　实验条件

反应器类型	流量/(mL/min)	示踪剂注入体积/mL	反应器装水体积/mL
单釜与三釜串联反应器			
三釜串联反应器			

注：每人做一种类型的实验。

表 2　采集的实验数据

t/s	浓度 $c(t)$	$\sum_0^t c(t)$	$E(t)$	$F(t)$

六、实验数据处理

已知在一定的温度和浓度范围内，氯化钾水溶液的电导率与氯化钾浓度 c 成正比。由实验测定反应器出口流体的电导率（或与之对应的数模转换器的毫伏数）就可求得示踪剂的浓度。从实测的氯化钾水溶液（以自来水作溶剂）的电导率（或对应的毫伏数）随浓度的变化数据可以看出，在一定温度下，当浓度很低时，水溶液的电导率（扣除自来水本身的电导率后的净值）较好地与浓度成正比，故在计算 $F(t)$ 和 $E(t)$ 时，可直接用电导率（或对应的毫伏数）代替浓度进行计算。

按式（5）~式（10）计算实验结果。

1. 停留时间分布函数

由 $Q_\lambda = u\int_0^\infty c(t)\mathrm{d}t$，并结合式（1）和式（4）得到：

$$F(t) = \frac{\sum_0^t c(t)}{\sum_0^\infty c(t)} \qquad (5)$$

2．停留时间分布密度函数

$$E(t) = \frac{c(t)}{\sum_0^\infty \Delta t \cdot c(t)} \tag{6}$$

式中　Δt——采样时间间隔。

3．平均停留时间

$$\bar{t} = \tau = \frac{\sum_0^\infty t \cdot c(t)}{\sum_0^\infty c(t)} \tag{7}$$

4．方差

$$\sigma_t^2 = \frac{\sum_0^\infty t^2 \cdot c(t)}{\sum_0^\infty c(t)} - \bar{t}^2 \tag{8}$$

$$\sigma^2 = \frac{\sigma_t^2}{t^2} \tag{9}$$

5．多釜串联时混合模型的虚拟釜数

$$N = \frac{1}{\sigma^2} \tag{10}$$

七、实验结果和讨论

1．实验结果

将单釜、三釜反应器的实验结果列于表3。

表3　不同类型反应器实验结果

反应器	τ	σ_t^2	σ^2	N
单釜				
釜 A				
釜 B				
釜 C				

2．思考题

（1）示踪剂输入的方法有几种？为什么脉冲示踪法应该瞬间注入示踪剂？

（2）为什么要在流量 U、转速 n 稳定一段时间后才能开始实验？

（3）把脉冲法所得出口示踪剂浓度对时间作图，试问曲线下面积为何意义？

（4）改变流量对平均停留时间有什么影响？

八、实验注意事项

（1）实验过程中应始终保持水流量 U 和转速 n 不变，否则流型将发生变化，水流量的变动还将引起示踪剂物料衡算的误差。

（2）示踪剂应尽可能快速注入，否则 $E(t)$ 将不与出口示踪剂浓度成正比，同时数学期望和方差也将出现较大的偏差。

（3）为准确可靠起见，应做 2~3 次平行实验。

实验二　气升式环流反应器流体力学及传质性能的测定

一、实验目的

（1）了解气升式环流反应器的工作原理、结构形式及应用领域；

（2）掌握气升式环流反应器流体力学及传质性能的测定方法；

（3）掌握电导仪及测氧仪的使用方法；

（4）学习利用软件进行实验过程的数据采集和数据处理的方法。

二、实验原理

气升式环流反应器是近年来发展起来的一种新型高效气-液两相反应器和气-液-固三相反应器。这种反应器利用反应气体的喷射动能和液体的循环流动来搅动反应物料，所以具有结构简单、造价低、密封易、能耗低、避免了机械搅拌对生物细胞的破坏等优点。广泛用于化工、石油化工、生物化工、食品工业、制药工程和环境保护等领域作为化学反应器和生化反应器。对反应器的结构尺寸进行恰当的设计后，能得到较好的环流流动循环强度，在反应器内形成良好的循环，促进固体催化剂粒子的搅动。因此，环流反应器对于反应物之间的混合、扩散、传热和传质均很有利，既适合处理量大的较高黏度的流体又适合处理热敏感性的生物物质，还可用于气-液两相或气-液-固三相之间的非均相化学反应。

根据气升式环流反应器降液管的形式可将环流反应器分为内环流反应器和外环流反应器两种。内环流反应器是指气体从升气管下方喷射进入反应器，使得升气管中液体的气含率大于降液管中液体的气含率，引起两者之间存在密度差，从而使得环流反应器中的液体在气体带动下得以循环起来。外环流反应器是指将降液管移到反应器的外面，循环原理和内环流反应器相同。

实验中利用体积膨胀高度法测定气含率 ε；利用电导脉冲示踪法测量液体循环速率 u_L；利用动态溶氧法测定氧体积传质系数 $K_L a$。

三、实验装置和流程

1. 实验装置

气升式外环流反应器的结构如图 1 所示，实物装置见图 2。进入反应器的气体喷射至升气管后，由于气体的喷射动能和升气管内流体的密度降低，迫使升气管中流体向上，降液管中流体向下做有规则的循环流动，从而在反应器中形成良好的混合和反应条件。

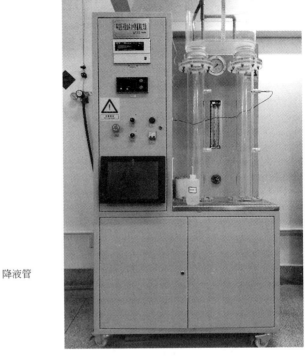

图 1　外环流反应器的结构示意图　　　　图 2　外环流反应器实物装置图

环流反应器是作为气-液两相或气-液-固三相反应器而应用于生物化工或其它化学反应过程的，因此传质性能往往成为过程的控制因素，能否提供良好的传质条件对环流反应器的应用具有决定意义。

本实验在气升管尺寸不变的情况下，通过改变不同的气体流量，测定设备的流体力学性能（气含率 ε，液体循环速度 u_L 等）及传质特性（氧体积传质系数 K_La）。这三个指标既是衡量气升式环流反应器传递性能的重要指标，也是环流反应器设计和工程放大的重要参数。

2．实验流程

实验流程示意图见图 3。本实验是以水和空气作为介质。气泵送入的空气经阀门调节和流量计计量后由升气管下方喷嘴进入反应器与液体混合。气体在反应器内随反应液一起循环，一部分气体随降液管循环回反应器底部再进入气升管，另一部分气体则从反应器上方排出。N_2 由钢瓶经减压阀，通过流量计计量后进入反应器中，用来在测定氧传质系数的实验前排除水中的溶解氧。

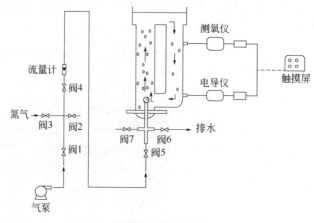

图 3 实验流程图

四、实验操作步骤及计算方法

1. 气含率 ε 的测定

气含率 ε 是表征反应器流体力学性能的重要参数之一。本实验利用体积膨胀高度法测量反应器中的平均气含率 ε，计算公式为：

$$\varepsilon = \frac{(H - H_0)}{H} \times 100\% \qquad (1)$$

式中 H——鼓气后液体膨胀高度；

H_0——清液层高度。

实验步骤：先关排水阀 6，关进气阀 5，关 N_2 进气阀 3，开进水阀 7，将水放至反应器内一定高度（一般与升气管顶部相平齐），记下此高度即为 H_0，停止进水。启动气泵，开进气阀 5，调节阀 4（可与放空阀 2 配合调节），将气量调节为一个定值（一般在实验中可做 5 个气量，从 0.5~2.5m³/h）。待气量稳定后，读取反应器内液体膨胀高度 H，则利用上述的公式求得该气量下的气含率 ε。

2. 液体循环速度 u_L 的测定

液体循环速度 u_L 是决定反应器循环和混合特性的重要参数之一。本实验用电导脉冲示踪法测量液体循环速度 u_L。计算公式为：

$$u_L = \frac{L}{t} \qquad (2)$$

式中 L——液体循环一周的距离，m；

t——循环一周所用的时间，s。

对于内环流反应器：

$$L = 2\left[H_{升} + \frac{(R_{外} - R_{内})}{2} + R_{内}\right] \quad (3)$$

式中　$H_{升}$——升气管的高度，m；

　$R_{外}$和$R_{内}$——分别为外筒和内筒的半径，m。

　　对于外环流反应器：

$$L = 2[H + L'] \quad (4)$$

式中　H——反应管的高度，m；

　L'——升气管和降液管间的水平距离，m。

　　电导探头在反应器侧壁的位置已固定，因此液体循环一周的距离 L 为定值，故只需测出循环一周所需时间 t，即可得到液体的循环速度。

　　循环时间 t 的测量采用电导示踪法，利用计算机数据采集系统来进行测量。

　　实验步骤：开启气泵，调节到一定的气量，待稳定后从环流反应器上方快速倒入 25mL 饱和氯化钠盐水，这时在计算机的数据采集系统显示屏上会出现一条衰减振荡的正弦曲线。第 1 个波峰和第 2 个波峰之间的时间间隔为 t_1；第 2 个波峰和第 3 个波峰之间的时间间隔为 t_2；第 3 个波峰和第 4 个波峰之间的时间间隔为 t_3；则平均循环时间为：

$$t = \frac{t_1 + t_2 + t_3}{3} \quad (5)$$

　　也可用第 4 个波峰和第 5 个波峰之间的时间间隔 t_4 来验证一下。

　　液体循环速度 u_L 的实验数据采集界面如图 4 所示。

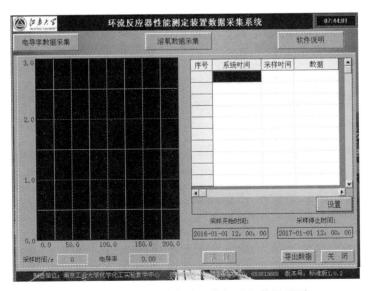

图 4　液体循环速度实验计算机采集数据界面

3. 氧体积传质系数 $K_L a$ 的测定

氧体积传质系数 $K_L a$ 是衡量反应器传质特性的重要参数之一。本实验采用动态氧浓度法来测定气升式环流反应器的液相氧体积传质系数 $K_L a$。

操作步骤：首先向反应器中通入 N_2 以排除水中的溶解氧，使其氧浓度降到一定的程度。然后再迅速切换到向塔中鼓空气，在计算机采集的屏幕上就得到一条氧浓度上升的曲线，定出初始浓度 c_{L0} 和最终平衡浓度 c^*，则氧浓度的动态值 $c_L(t)$ 可用下式表示：

$$\frac{dc_L(t)}{dt} = K_L a[c^* - c_L(t)] \qquad (6)$$

两边积分，得总体积传质系数 $K_L a$：

$$\ln \frac{c^* - c_{L0}}{c^* - c_L(t)} = t \cdot K_L a \qquad (7)$$

或

$$K_L a = \frac{1}{t} \times \ln \frac{c^* - c_{L0}}{c^* - c_L(t)} \qquad (8)$$

式中　c^*——平衡氧浓度，%；

　　　c_{L0}——初始氧浓度，%；

　　$c_L(t)$——测试过程瞬时氧浓度，%。

总体积传质系数 $K_L a$ 也可采用输出信号电压值表示为：

$$K_L a = \frac{1}{t} \times \ln \frac{U^* - U_{L0}}{U^* - U_L(t)} \qquad (9)$$

式中　U^*——溶氧平衡时电压值，mV；

　　　U_{L0}——溶氧初始时电压值，mV；

　　$U_L(t)$——通入空气过程中电压瞬时值，mV。

氧体积传质系数 $K_L a$ 的实验数据采集界面如图 5 所示。

4. 实验步骤

（1）先将前次电导测量时塔中的盐水排掉，装上氧探头，开启测氧仪，关闭排水阀 6，打开进水阀 7，将水放至反应器内一定高度。

（2）关闭空气阀 1，打开 N_2 进气阀 3，打开 N_2 钢瓶总阀（逆时针旋转为开），旋动减压阀把手（顺时针旋转为开），开启进气阀 5，这时 N_2 就被鼓入塔中，用以驱赶液体中的溶解氧（为了节约 N_2，将气量调至 0.2~0.4m³/h，能够使得塔中液体循环起来就可以了，并将塔顶盖上盖子）。在计算机采集的屏幕上就得到一条氧浓度下降的曲线。待氧浓度下降到 3%~4% 时，停止鼓 N_2，转而切换为鼓空气。

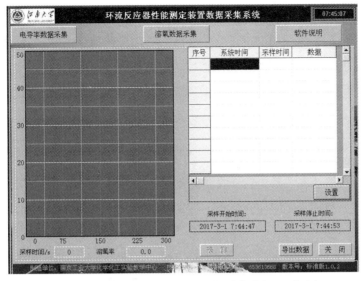

图 5　氧体积传质系数实验计算机采集数据界面示意

（3）关闭 N_2 减压阀（逆时针旋转为关），打开空气阀 1，关闭 N_2 进气阀 3，将计算机采集界面的氧浓度下降曲线清除，重新开始采集。启动气泵，打开进气阀 5、调节阀 4（可与放空阀 2 配合调节），将气量调节为一个数值（如 $0.5m^3/h$），这时在计算机采集屏幕上会出现一条氧浓度上升的曲线，待氧浓度的曲线上升到一定的值基本走平后。在计算机采集屏幕上点击"停止"按钮，再点击"计算"按钮，进入 Excel 进行实验数据的处理，求出该气量下的液相氧体积传质系数 $K_L a$ 的数值。

五、实验数据记录

1. 气含率 ε 的测定

将气含率 ε 的测定数据列入表 1。

表 1　气含率 ε 实验数据记录表

序号	气量/(m³/h)	清液层高度 H_0/m	液体膨胀高度 H/m	气含率 ε
1				
2				
3				
4				
5				

2. 液体循环速率 u_L 的测定

将测定的液体循环速率 u_L 数据列入表 2。

表 2　液体循环速率 u_L 的测定数据

序号	气量/(m³/h)	循环距离 L/m	循环时间 t/s	液体循环速度 u_L/(m/s)
1				
2				
3				
4				
5				

3. 总体积传质系数 $K_L a$ 的测定

本实验采用动态法测定气升式环流反应器的液相体积传质系数 $K_L a$。从方程式（7）可见，这是一个线性方程。以时间 t 为横轴，以浓度的对数值为纵轴作图，得一直线，直线的斜率即为总体积传质系数 $K_L a$。将计算所得的氧体积传质系数 $K_L a$ 数据列入表 3。

表 3　总传质系数 $K_L a$ 的测定数据

序号	气量/(m³/h)	拟合直线公式	方差 R^2	氧体积传质系数 $K_L a$/s⁻¹
1				
2				
3				
4				
5				

六、实验数据处理

1. 气含率 ε 的计算

气含率 ε 的测定计算采用式（1）：

$$\varepsilon = \frac{(H - H_0)}{H} \times 100\%$$

计算举例：如 H_0=910mm，H=930mm 时，气含率 ε=2.15%。

2. 液体循环速率 u_L 的计算

液体循环速率 u_L 的计算采用公式（2）：

$$u_L = \frac{L}{t}$$

计算举例：外环流反应器，L=2.68m（已知值）；t=15.9s（测定值），则 u_L=0.17m/s。

3. 氧体积传质系数 $K_L a$ 的计算

计算举例：

（1）用计算机采集氧浓度上升的数据，进入 Excel 界面，进行实验数据的处理。

（2）选定 A、B 两列（其中 A 为时间轴坐标，B 为氧浓度轴坐标），用"图表向导"作 x-y 散点图，要求拟合成光滑曲线，点击"完成"，在坐标图上可得到一条氧浓度上升的曲线。

（3）在曲线上确定起点氧浓度对应的电压值 U_{L0} 和对应的时间 t_0，例如 $U_{L0}=2.525$，$t_0=8$；再到曲线上确定终点氧浓度对应的电压值 U^* 和对应的时间 t^*，例如 $U^*=18.625$，$t^*=286$。记下这两组数据，重新开启一列 C 列。在 $t_0=8$ 这一行（例如该行的序号为 3）的 C 列内书写公式" $=\ln\dfrac{18.625-2.525}{18.625-b3}$ "并回车，得到结果：0。将 0 选定，在该方框内右下角出现细十字时，下拉整个 C 列，则在 C 列中就得到一组按上述公式取对数后的值。略去最后面一些无意义的数，选定 A 列和 C 列，用"图表向导"再作 x-y 散点图（用 Ctrl 键控制，跳过 B 列），得到一根近似的直线。略去直线后段线性不好的部分，重新作 x-y 散点图，得到一根线性较好的直线，将光标箭头放在直线上，点右键，选"添加趋势"，选"显示公式""显示 R^2"，得到拟合的直线方程：$y=0.0132x-0.9615$；$R^2=0.9985$，说明这些实验数据点的线性拟合很好。因为液相体积传质系数 K_La 就是该拟合直线的斜率，于是得到该气量下的液相体积传质系数 $K_La=0.0132$。

（4）改变气量，可得到不同气量下的液相氧体积传质系数。

七、实验结果和讨论

1．实验结果

2．思考题

（1）试说明气升式环流反应器是如何得以循环起来的？

（2）当进气量变化时，气含率、液体循环速度和氧体积传质系数是如何变化的？

（3）你认为气升式环流反应器是瘦高型的传质性能好，还是矮胖型的传质性能好？

（4）实验中所测量的气含率、液体循环速度和氧体积传质系数等 3 个参数对指导工程放大有何意义？

八、实验注意事项

（1）进行测量气含率的实验时，当气量比较大时，反应器内气泡翻滚剧烈，此时要用尺子平着测量塔内液体的平均高度。

（2）进行测量液体循环速度的实验时，应在计算机采集系统开始采样后，瞬间倒入饱和盐水。

（3）进行测量氧体积传质系数的实验时，应注意节约使用 N_2。在通 N_2 时，最好将反应器上方盖上盖子。

实验三　皂化反应动力学参数的测定

一、实验目的

（1）掌握测定化学反应速率常数的一种物理方法——pH 法；

（2）掌握一级反应的特点，学会用图解法求一级反应的速率常数；

（3）掌握积分法和微分法求动力学方程的基本原理和方法；

（4）了解 pH 计和控温仪的使用方法。

二、实验原理

1. 皂化反应的速率常数

对于下列液相反应：

$$CH_3COOC_2H_5 + Na^+ + OH^- \longrightarrow CH_3COO^- + Na^+ + C_2H_5OH$$
$$\quad\text{(A)} \qquad\qquad \text{(B)} \qquad\qquad \text{(C)} \qquad\qquad \text{(D)}$$

反应物 B 的反应速率可以表示式为：

$$r_B = -\frac{dc_B}{dt} = kc_A^{n_1}c_B^{n_2} \tag{1}$$

式中，n_1 和 n_2 为反应级数。大量研究表明，对该反应，$n_1=n_2=1$，于是当 $c_A \gg c_B$ 时，式（1）可写成：

$$r_B = -\frac{dc_B}{dt} = kc_Ac_B = k'c_B \tag{2}$$

式中，$k'=kc_A \approx kc_{A0}$，c_{A0} 是反应物 A 的初始浓度。

式（2）为拟一级动力学方程，只要在实验中测定浓度 c_B 随时间的变化，就可得到反应速率常数。

2. 动力学常数的求取

对式（2）进行积分可得：

$$k't = \ln\frac{c_{B0}}{c_B} = \ln c_{B0} - \ln c_B \tag{3}$$

$$\ln c_B = \ln c_{B0} - k't \tag{4}$$

式中，c_{B0} 是反应物 B 的初始浓度。

因此，以 $\ln c_B$ 对 t 作图，应得到一条直线，直线的斜率即为反应的速率常数 k'。

3. c_B 的求取

当碱浓度较低时，忽略醇和醋酸根的电离平衡，可用 pH 值来表示碱的浓度：

$$\lg c_B = \lg[OH]^- = -pOH = pH - 14 \tag{5}$$

因此只需在实验中测定溶液中 pH 的变化，就可以计算出 c_B 的变化。

三、实验装置和试剂

实验药品：乙酸乙酯（分析纯）、氢氧化钠（0.02mol/L）。

皂化反应装置见图 1，实验装置示意图见图 2，数据采集系统计算机界面示意图见图 3。

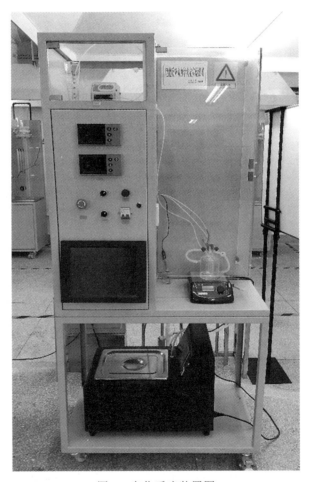

图 1　皂化反应装置图

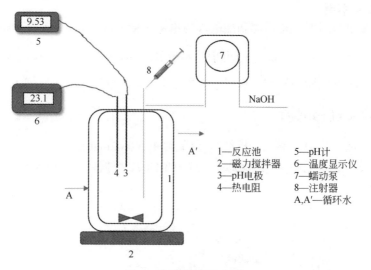

图 2　实验装置示意图

1—反应池　　5—pH计
2—磁力搅拌器　6—温度显示仪
3—pH电极　　7—蠕动泵
4—热电阻　　8—注射器
A,A′—循环水

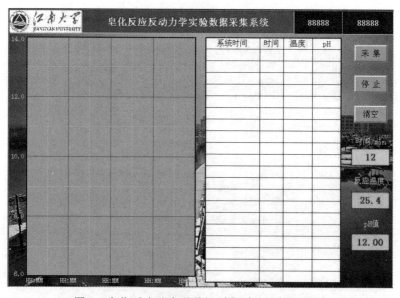

图 3　皂化反应动力学数据采集系统计算机界面

四、实验步骤

（1）调节恒温槽温度到设定温度。

（2）配制 0.0200mol/L 的 NaOH 溶液 250mL，取 50mL 0.0200mol/L 的 NaOH 溶液加到反应池中，充分混合均匀。

（3）开启搅拌，调节转速为 300~500r/min，使反应液充分混合，置于恒温槽中恒温 5min，记下 pH 值。

（4）用 2mL 针筒准确抽取 2mL 乙酸乙酯，迅速注入反应器中，并开始记时。

（5）每隔 1min 记录一个 pH 值（表 1）。

（6）当反应时间约 30min 时，停止反应，启动蠕动泵将反应液放出，然后重新加入新的反应液 NaOH，重复 3~5 次。

五、实验数据记录

将采集到的数据（反应时间和相应的 pH 值）填入表 1 中。

表 1　皂化反应动力学数据采集表

氢氧化钠溶液=_____mL　乙酸乙酯=_____mL　反应温度=_____℃

序号	时间/min	pH	序号	时间/min	pH	序号	时间/min	pH
1			1			1		
2			2			2		
3			3			3		
4			4			4		
5			5			5		
6			6			6		
7			7			7		
8			8			8		
9			9			9		
10			10			10		
11			11			11		
12			12			12		
13			13			13		
14			14			14		
15			15			15		
16			16			16		
17			17			17		

六、实验数据处理

（1）根据表 1 中的数据，由式（5）计算出 $\ln c_B$，将相应的 t、pH、$\ln c_B$ 列入表 2 中。

表2 皂化反应动力学数据及其计算

序号	时间/min	pH	c_B	$\ln c_B$
1				
2				
3				
4				
5				
6				
7				
8				
9				
10				
11				
12				
13				
14				
15				
16				
17				

（2）用 Excel 软件作 $\ln c_B$-t 图。

（3）得到直线的斜率，即为反应速率常数 k'。

七、思考题

（1）如果 NaOH 和 $CH_3COOC_2H_5$ 起始浓度不相等，试问应怎样计算 k 值？

（2）如果 NaOH 与 $CH_3COOC_2H_5$ 溶液为浓溶液，能否用此法求 k 值？为什么？

（3）为什么当反应时间较长时，数据的误差较大？

（4）积分法与微分法求取动力学方程有何差异？

一、实验目的

（1）了解二元体系气-液相平衡数据的测定方法，掌握改进的 Rose 平衡釜的使用方法，测定大气压力下乙醇（1）-环己烷（2）体系的平衡温度（T）-平衡压力（p）-液相中组分 1 的摩尔分数（x_1）和汽相中组分 1 的摩尔分数（y_1）数据；

（2）确定液相组分的活度系数与组成关系式中的参数，推算体系的恒沸点，计算不同液相组成下二个组分的活度系数，并进行热力学一致性检验；

（3）掌握超级恒温水浴使用方法和用阿贝折光仪分析组成的方法。

二、实验原理

气-液平衡数据实验测定是在一定的温度和压力下，在已建立气-液相平衡的体系中，分别取出气相和液相样品，测定其浓度。本实验采用的是广泛使用的循环法，平衡装置利用改进的 Rose 釜。所测定的体系为乙醇（1）-环己烷（2），样品分析采用折射率法。

气-液平衡数据包括 T，p，x_i，y_i。

对一些理想体系，达到气-液平衡时有以下关系式：

$$y_i p = \gamma_i x_i p_i^s \tag{1}$$

式中　p_i^s——平衡温度（T）下纯组分 i 的饱和蒸气压。

将实验测得的 T，p，x_i，y_i 数据代入上式，计算出 γ_i，根据测定的 x_i 值，利用 x_i 与 γ_i 关系式（van Laar 方程或 Wilson 方程等），确定方程中的参数。根据所得的参数，可计算不同 x_i 值下的气-液平衡数据、推算共沸点以及进行热力学一致性检验。

三、实验装置和试剂

实验装置：见图 1，其主体为改进的 Rose 平衡釜，即气-液双循环式平衡釜（见图 2）。改进的 Rose 平衡釜气-液分离部分配有 50~100℃精密温度计或热电偶（配 XMT—3000 数显仪）供测量平衡温度，沸腾器的蛇型玻璃管内插有 300W 电热丝，用于加热混合液，其加热量由可调变压器控制。

分析仪器：恒温水浴-阿贝折光仪系统，配有 SYC-15 型超级恒温水浴和阿贝折光仪。

实验试剂：无水乙醇（分析纯），环己烷（分析纯）。

图 1　二元体系气-液平衡实验装置

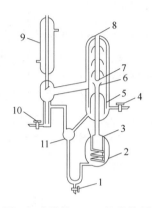

图 2　改进的 Rose 釜结构图

1—排液口；2—沸腾器；3—内加热器；4—液相取样口；
5—汽室；6—气液提升管；7—气液分离器；8—温度计
套管；9—气相冷凝管；10—气相取样口；11—混合器

四、实验步骤和分析方法

（1）制作乙醇（1）-环己烷（2）溶液折射率与组成的关系工作曲线（可由教师预先准备）：

① 配制不同浓度的乙醇（1）-环己烷（2）溶液（摩尔分数 x_1=0.1, 0.2, 0.3, …0.9）；

② 在 30℃下测量这些溶液的折射率 n_D，得到一系列 x_1-n_D 数据；

③ 将 x_1-n_D 数据关联回归，得到如下方程：

$$x_1 = -0.74744 + \frac{[0.0014705 + 0.10261 \times (1.4213 - n_D)]^{0.5}}{0.051305} \qquad （2）$$

（2）开启恒温水浴-阿贝折光仪系统，调节水温到 30℃±0.1℃（阿贝折光仪的原理及使用方法见附录二）。

（3）接通平衡釜冷凝器冷却水，关闭平衡釜下部阀门。向釜中加入乙醇-环己烷溶液（加到釜的刻度线，液相口能取到样品）。

（4）接通电源，调节加热电压，注意釜内状态。当釜内液体沸腾，并稳定以后，调节加热电压使冷凝管末端流下的冷凝液为 80 滴/min 左右。

（5）当沸腾温度稳定，冷凝液的流量稳定（80 滴/min 左右）并保持 30min

后，认为气-液平衡已经建立。此时沸腾温度为气-液平衡温度。由于测定时平衡釜直接通大气，平衡压力为实验时的大气压。通过壁挂式气压计，读取大气压。

（6）同时从气相口和液相口取气-液两相样品，取样前应先放掉少量残留在取样阀中的试剂，取样后要盖紧瓶盖，防止样品挥发。

（7）测量样品的折射率，每个样品测量两次，每次读数两次，4 个数据的平均偏差应小于 0.0002，将 4 个数据的平均值带入式（2），计算出气相或液相样品的组成（x_1）。

（8）改变釜中溶液的组成（添加纯乙醇或纯环己烷），重复步骤（4）~（7），进行第二组数据测定。

五、实验数据记录

1. 平衡釜操作记录

将相关实验数据填入表 1。

表 1　改进的 Rose 釜操作记录

实验日期：_____年___月___日　室温：_____℃　大气压：_____mmHg

实验序号	投料量	时间	加热电压/V	平衡釜温度/℃		环境温度/℃	露茎高度/℃	冷凝液滴速/(滴/min)	现象
				热电偶	水银温度计				
1	混合液（____mL）								
2	乙醇或环己烷的补加量（____mL）								

2. 折射率测定及平衡数据计算结果

将测定得到的折射率和相应的气-液相平衡组成计算结果填入表 2 中。

表 2　折射率 n_D 测定结果和气-液相平衡组成计算结果

测量温度：30.0℃

实验序号	液相样品折射率 n_D					气相样品折射率 n_D					平衡组成	
	1	2	3	4	平均	1	2	3	4	平均	液相	气相
1												
2												

六、实验数据处理

1．校正平衡温度和平衡压力（详见附录一）

2．计算实验值与文献值的偏差

根据所测的折射率计算平衡液相和气相的组成，并与附录文献数据比较，计算平衡温度实验值与文献值的偏差，以及气相组成实验值与文献值的偏差。

3．计算活度系数γ_1和γ_2

运用理想体系气-液平衡关系式（1），可以得到：

$$\gamma_1 = \frac{y_1 p}{x_1 p_1^s} \quad \text{和} \quad \gamma_2 = \frac{y_2 p}{x_2 p_2^s}$$

式中的p_1^s和p_2^s由 Antoine 方程计算，其形式为：

$$\lg p_1^s = 8.1120 - \frac{1592.864}{T + 226.184} \tag{3}$$

$$\lg p_2^s = 6.85146 - \frac{1206.470}{T + 223.136} \tag{4}$$

式中　p_1^s和p_2^s——平衡温度（T）下纯组分 1 和 2 的饱和蒸气压，mmHg；

　　　　T——温度，℃。

4．计算 van Laar 方程或 Wilson 方程中的参数

由得到的活度系数γ_1和γ_2，计算 van Laar 方程或 Wilson 方程中的参数。van Laar 方程参数由式（5）和式（6）求取：

$$A_{12} = \ln \gamma_1 \left(1 + \frac{x_2 \ln \gamma_2}{x_1 \ln \gamma_1} \right)^2 \tag{5}$$

$$A_{21} = \ln \gamma_2 \left(1 + \frac{x_1 \ln \gamma_1}{x_2 \ln \gamma_2} \right)^2 \tag{6}$$

5．数据验证（选做）

用 van Laar 方程或 Wilson 方程，计算一系列的$(x_1 - \gamma_1)$，γ_2数据，以及

$\ln(\gamma_1 - x_1)$、$\ln(\gamma_2 - x_1)$和$\ln\left(\dfrac{\gamma_1}{\gamma_2} - x_1\right)$数据，绘出$\ln\left(\dfrac{\gamma_1}{\gamma_2} - x_1\right)$曲线，用 Gibbs-Duhem

方程对所得数据进行热力学一致性检验。其中 van Laar 方程形式如下：

$$\ln \gamma_1 = \frac{A_{12}}{\left(1 + \dfrac{A_{12} x_1}{A_{21} x_2}\right)^2} \text{ 和 } \ln \gamma_2 = \frac{A_{21}}{\left(1 + \dfrac{A_{21} x_2}{A_{12} x_1}\right)^2}$$

6. 恒沸数据（选做）

计算 0.1013MPa 压力下的恒沸数据，或 35℃下的恒沸数据，并与文献值比较。

7. 计算示例

将某次实验记录列于表 3 和表 4。

表 3 改进的 Rose 釜操作记录

实验日期：_____年___月___日   室温：28℃   大气压：758.6mmHg

实验序号	投料量	时间	加热电压/V	平衡釜温度/℃		环境温度/℃	露茎高度/℃	冷凝液滴速/(滴/min)	现象
				热电偶	水银温度计				
1	混合液（180mL）	8:30	50	25		26		0	开始加热
		8:45	60	53		28		0	沸腾
		8:55	56	59.5	59.60	30	1.3	50	开始有回流
		9:05	56	66.0	66.05	32	7.75	85	回流
		9:15	56	66.1	66.13	32	7.83	85	回流稳定
		9:45	54	66.1	66.15	32	7.85	80	回流稳定
		9:50	54	66.1	66.15	32	7.85	80	取样

表 4 折射率测定及平衡数据计算结果

测量温度：30.0℃

序号	液相样品折射率 n_D					气相样品折射率 n_D					平衡组成	
	1	2	3	4	平均	1	2	3	4	平均	液相	气相
1	1.3758	1.3757	1.3760	1.3757	1.3758	1.3947	1.3944	1.3945	1.3945	1.3945	0.7792	0.5184

（1）温度及压力的校正 1

露茎校正：按第 218 页附录一中"四（一）"，

$$\Delta T_{露茎}（℃）= Kn(T - T_{环}) = 0.00016 \times 7.85 \times (66.15 - 32.0) = 0.043$$

$$T_{真实}（℃）= T + \Delta T_{露茎} = 66.15 + 0.043 = 66.19$$

压力校正：将测量的平衡压力 p_0=758.6mmHg 下的平衡温度折算到平衡压力为 760mmHg 下的平衡温度，按第 218 页附录一中"四（一）"，

温度校正值 $$\Delta T（℃）= \frac{T_{真实} + 273.15}{10} \times \frac{760 - p_0}{760} = 0.07$$

$$T（760mmHg平衡温度，℃）= 66.19 + 0.07 = 66.26$$

（2）由 219 页附表 4，用插值法求得，$x_1 = 0.7792$ 时，文献数据 $y_1 = 0.5041$，$T = 66.23\text{℃}$。

实验值与文献值偏差

$$|\Delta y_1| = 0.5184 - 0.5041 = 0.0143$$

$$|\Delta T|（\text{℃}）= 66.26 - 66.23 = 0.03$$

（3）计算实验条件下的活度系数 γ_1 和 γ_2

$$\gamma_1 = \frac{0.5184}{0.7792} \times \frac{760}{462.58} = 1.0931$$

$$\gamma_2 = \frac{0.4816}{0.2208} \times \frac{760}{481.36} = 3.4437$$

（4）计算 van Laar 方程中的参数

$$A_{12} = \ln \gamma_1 \left(1 + \frac{x_2 \ln \gamma_2}{x_1 \ln \gamma_1}\right)^2 = 2.1695$$

$$A_{21} = \ln \gamma_2 \left(1 + \frac{x_1 \ln \gamma_1}{x_2 \ln \gamma_2}\right)^2 = 1.9444$$

（5）用 van Laar 方程，计算 $x\text{-}\gamma$ 数据，列于表 5。

表 5　用 van Laar 方程计算的 $x\text{-}\gamma$ 数据

x_1	0.05	0.1	0.2	0.3	0.4	0.5	0.6	0.7	0.8	0.9	0.95
$\ln \gamma_1$	1.9355	1.7173	1.3263	0.9929	0.7134	0.4846	0.3035	0.1671	0.0727	0.0178	0.0044
$\ln \gamma_2$	0.0060	0.0237	0.0925	0.2035	0.3538	0.5408	0.7619	1.0150	1.2977	1.6082	1.7732
$\ln(\gamma_1/\gamma_2)$	1.9295	1.6936	1.2338	0.7894	0.3596	-0.0562	-0.4584	-0.8479	-1.2250	-1.5904	-1.7688

以 $\ln(\gamma_1/\gamma_2)$ 对 x_1 作图，可以进行热力学数据的一致性检验，具体方法参见陈钟秀等编《化工热力学》第 3 版，化学工业出版社，124~127 页。

（6）估算 $p=760\text{mmHg}$ 下恒沸点温度和恒沸组成。

可列出以下联立方程组：

$$\ln \frac{p}{p_1^s} = \frac{A_{12}}{\left(1 + \dfrac{A_{12} x_1}{A_{21} x_2}\right)^2} \tag{7}$$

$$\ln \frac{p}{p_2^s} = \frac{A_{21}}{\left(1 + \dfrac{A_{21} x_2}{A_{12} x_1}\right)^2} \tag{8}$$

$$\lg p_1^s = 8.1120 - \frac{1592.864}{T + 226.184} \qquad (9)$$

$$\lg p_2^s = 6.85146 - \frac{1206.470}{T + 223.136} \qquad (10)$$

$$x_1 + x_2 = 1 \qquad (11)$$

代入相关数据，经试差或迭代计算得，恒沸点温度 T=65.0℃，恒沸组成 x_1=0.477，与附录文献数据基本符合。

七、实验结果和讨论

1．实验结果

给出 p=760mmHg 下平衡温度 T、乙醇液相组成 x_1 和相应的气相组成 y_1 数据，与附录中的文献数据比较，分析数据的精确度。

2．讨论

（1）实验测量误差及引起误差的原因？

（2）对实验装置及其操作提出改进建议。

（3）对热力学一致性检验和恒沸数据推算结果进行评议。

3．思考题

（1）实验中你是怎样确定气-液两相达到平衡的？

（2）影响气-液平衡数据测定精确度的因素有哪些？

（3）试举出气-液平衡数据应用的例子。

八、注意事项

（1）平衡釜开始加热时电压不宜过大，以防物料冲出。

（2）平衡时间应足够。气、液相取样瓶，取样前要检查是否干燥，装样后要保持密封，因乙醇和环己烷都较易挥发。

（3）测量折射率时，应注意使液体铺满毛玻璃板，并防止挥发。取样分析前应注意检查滴管、取样瓶和折光仪毛玻璃板是否干燥。

实验五　乙苯脱氢制苯乙烯实验

一、实验目的

（1）熟悉乙苯气相催化脱氢制备苯乙烯的过程，明确乙苯脱氢操作条件对产物收率的影响；

（2）掌握反应温度控制和测量方法以及加料的控制与计量方法；

（3）掌握反应产物的分析测试方法。

二、实验原理

乙苯脱氢为可逆吸热反应：

$$C_8H_{10} \xrightarrow[\text{873K}]{\text{催化剂}} C_8H_8+H_2 \qquad \Delta H_{873K}=+125kJ/mol \qquad （1）$$

除脱氢主反应外，乙苯脱氢过程中还会发生如下一系列副反应，生成苯、甲苯、甲烷、乙烷、烯烃、焦油等：

$$C_8H_{10} \longrightarrow C_6H_6+C_2H_4 \qquad \Delta H_{873K}=+102kJ/mol \qquad （2）$$

$$C_8H_{10}+H_2 \longrightarrow C_7H_8+CH_4 \qquad \Delta H_{873K}=-64.4kJ/mol \qquad （3）$$

$$C_8H_{10}+H_2 \longrightarrow C_6H_6+C_2H_6 \qquad \Delta H_{873K}=-41.8kJ/mol \qquad （4）$$

$$C_8H_{10} \longrightarrow 8C+5H_2 \qquad \Delta H_{873K}=-1.72kJ/mol \qquad （5）$$

乙苯脱氢反应是一个吸热、摩尔数增多并需要催化剂的复杂过程。

由于反应是吸热反应，随着温度的升高，脱氢反应加快，苯乙烯收率也迅速增加。反应温度过高，脱氢反应加快，但苯乙烯收率增加变慢，即副反应大大加快，所以反应温度一般控制在550~610℃范围内。

反应式（2）和式（3）是两个主要的平行副反应，这两个副反应的平衡常数大于乙苯脱氢生成苯乙烯的平衡常数。因此，如果从热力学分析看，乙苯脱氢生产苯乙烯的可能性确实不大，所以要采用高选择性的催化剂，增加主反应的反应速率。

常用的乙苯气相催化脱氢制取苯乙烯的催化剂种类很多，通常是以铁（Fe_2O_3）为基础的多组分催化剂，助催化剂有钾（K_2O）、铬（Cr_2O_3）等。本试验采用铁系催化剂作为乙苯气相脱氢制苯乙烯反应的催化剂。

乙苯气相脱氢制苯乙烯是一个物质的量增多、体积增大的过程，因而在减压条件下进行对生成苯乙烯有利。工业生产中，常压下常以水蒸气为稀释剂，这样，一方面可以降低反应物乙苯的分压，有利于平衡转化，提高乙苯转化率，另一方面，水蒸气可以与沉积在催化剂表面的炭发生反应：

$$C + 2H_2O \longrightarrow CO_2 + 2H_2 \tag{6}$$

从而使催化剂在反应过程中自动获得再生，延长了催化剂的使用寿命。本实验中，水蒸气的用量为乙苯：水＝1：(1.4~1.6)（体积比）。

乙苯脱氢反应过程中，有平行副反应和连串副反应。随着接触时间增加，副反应也增加，苯乙烯的选择性会下降，因此要根据催化剂的活性及反应温度选择适宜的空速。

三、实验装置和流程

实验流程如图 1 所示，实物装置图如图 2 所示。水和乙苯由计量泵泵入汽化器，经汽化器汽化并进入反应器中反应，离开反应器的反应产物经过冷凝器冷凝进入气-液分离器，不凝气体经尾气冷凝器后排空，冷凝的液相产物（粗产品）收集于气-液分离器下部，待实验结束后称重、取样。

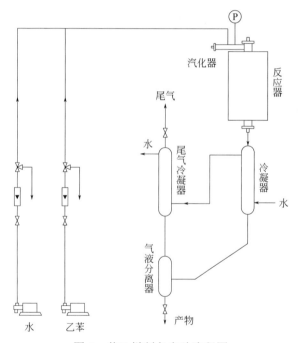

图 1　苯乙烯制备实验流程图

反应器材质为不锈钢，反应管置于圆形电加热炉中。反应管中心有一个热电偶套管，用以测量反应温度。反应管预热段装填磁环，反应段装填 50mL 催化剂。用加热炉的热电偶配温度显示控制仪表作为反应器温度测量调节系统。

反应产物通过气相色谱仪分析其中的苯、甲苯、乙苯、苯乙烯等的含量。

原料乙苯为化学纯，含量大于 99%。

图 2　苯乙烯制备实验装置实物图

四、实验步骤及分析方法

1．反应条件

汽化温度 250℃，脱氢反应温度 550~620℃，乙苯∶水＝1∶1.5（体积比），相当于乙苯加料量为 0.5mL/min，水加料量为 0.75mL/min。

2．操作步骤

（1）了解并熟悉实验装置及流程，弄清物料走向、加料及取样方法。

（2）接通电源，使汽化器、反应器分别逐步升温至预定的温度，同时打开冷凝、冷却水。

（3）打开水旁通阀、乙苯旁通阀，分别校正水和乙苯的流量（水 0.75mL/min，乙苯 0.5mL/min）。

（4）在汽化器温度达到 250℃后，反应器温度达 350℃左右时，加入已校正好流量的水。当反应温度达 550℃左右时，加入已校正好流量的乙苯。继续升温至580℃左右并稳定半小时以上。

（5）每反应 20~30 min 取一次数据，每个试验条件取两个数据。粗产品从气-液分离器中取出，然后用分液漏斗分去水层，称出上层烃液重量。

（6）用气相色谱分析烃液层的组成，得到烃液各组分的百分含量。

（7）反应结束后，停止加乙苯。反应温度维持在 500℃左右，继续通水，进行催化剂的水蒸气清焦再生，半小时后停止通水并降温。

五、实验数据记录

（1）将实验数据及时、准确地记录在表 1 中。

表 1　乙苯脱氢制苯乙烯实验结果

时间 /min	温度/℃		原料				粗产品/g	
	汽化器	反应器	乙苯/mL		水/mL		烃层液	水层
			始	终	始	终		

（2）将烃层液分析结果填入表 2。

表 2　烃层液分析结果

反应 温度/℃	乙苯加 入量/g	烃层液							
		苯		甲苯		乙苯		苯乙烯	
		含量/%	质量/g	含量/%	质量/g	含量/%	质量/g	含量/%	质量/g

六、实验数据处理

1. 根据实验结果求出乙苯的转化率、苯乙烯的选择性及苯乙烯的收率。

$$乙苯的转化率=\frac{原料中的乙苯量（g）-产物中的乙苯量（g）}{原料中乙苯量（g）}\times100\%$$

$$苯乙烯的选择性=\frac{生成的苯乙烯量（g）}{已反应的乙苯量（g）}\times100\%$$

$$苯乙烯的收率=\frac{生成的苯乙烯量（g）}{原料中乙苯量（g）}\times100\%$$

2. 计算示例

（1）将实验数据列于表 3 和表 4。

表3 乙苯脱氢制苯乙烯实验数据

时间/min	温度/℃		原　料					粗产品/g	
	汽化器	反应器	乙苯/mL		水/mL			烃层液	水层
			始	终	始	终			
20	250	595	30	22.4	7.6	46	25.2	20.8	6.4

表4　烃层液分析结果

反应温度/℃	乙苯加入量/g	烃层液							
		苯		甲苯		乙苯		苯乙烯	
		含量/%	质量/g	含量/%	质量/g	含量/%	质量/g	含量/%	质量/g
595	6.59	0.53		2.17		47.59	3.05	49.71	3.18

（2）将烃层液的分析结果列于表4。

（3）实验数据处理：

$$乙苯的加入量（g）=7.6×0.8671=6.59$$

$$产物中的乙苯量（g）=6.4×0.4759=3.05$$

$$产物中的苯乙烯量（g）=6.4×0.4971=3.18$$

$$则乙苯的转化率=\frac{6.59-3.05}{6.59}×100\%=53.72\%$$

$$苯乙烯的选择性=\frac{3.18}{6.59-3.05}×100\%=89.83\%$$

$$苯乙烯的收率=\frac{3.18}{6.59}×100\%=48.25\%$$

如改变反应操作条件，则会得到不同的实验结果，分析并讨论不同反应操作条件对乙苯转化率、苯乙烯选择性和苯乙烯收率的影响。

七、实验结果和讨论

1. 实验结果讨论

根据实验结果求出乙苯的转化率、苯乙烯选择性及苯乙烯收率，并讨论实验条件对乙苯转化率和苯乙烯选择性的影响。

2．思考题

（1）为什么脱氢反应要在高温低压下进行？

（2）提高转化率和产率有哪些措施？

（3）反应中为何要加入水蒸气？

（4）为什么要进行催化剂的再生?如何进行再生?

八、实验注意事项

（1）实验过程中称量要准确，烃水分层要仔细操作，乙苯、水的进料切换要迅速。

（2）在开启蠕动泵之前，料液管路上的阀门要处于恰当的开或关的状态。

（3）反应器、汽化器温度较高，勿触摸。

（4）实验中要防止物料泄漏，保持室内良好通风。

附有关物质的物理性质：

1．苯乙烯

沸点	145℃
分子量	104.14
闪点（Tag 开杯法）	34.4℃
爆炸极限（空气中）	1.1%~6.1%
在水中的溶解度（25℃）	0.032%（质量分数）
密度（20℃）	0.9059g/cm³

2．乙苯

沸点	136.19℃
分子量	106.17
密度（25℃）	0.8671g/cm³

实验六　萃取精馏实验

一、实验目的

（1）熟悉萃取精馏的原理和萃取精馏装置；

（2）掌握萃取精馏塔的操作方法和乙醇-水混合物的气相色谱分析法；

（3）利用乙二醇为分离剂进行萃取精馏制取无水乙醇；

（4）了解计算机数据采集系统和用计算机控制精馏操作参数的方法。

二、实验原理

精馏是化工过程中的一种重要的分离单元操作，其基本原理是根据被分离混合物中各组分相对挥发度（或沸点）的差异，通过精馏塔经多次汽化和多次冷凝将其分离。在精馏塔底获得沸点较高（挥发度较小）产品，在精馏塔顶获得沸点较低（挥发度较大）产品。但实际生产中也常遇到各组分沸点相差很小，或者具有恒沸点的混合物，用普通精馏的方法难以完全分离。此时需采用其它精馏方法，如恒沸精馏、萃取精馏、溶盐精馏或加盐萃取精馏等。

萃取精馏是在被分离的混合物中加入某种添加剂，以增加原混合物中两组分间的相对挥发度（添加剂不与混合物中任一组分形成恒沸物），从而使混合物的分离变得很容易。所加入的添加剂为挥发度很小的溶剂（萃取剂），其沸点高于原溶液中各组分的沸点。

由于萃取精馏操作条件范围比较宽，溶剂的浓度为热量衡算和物料衡算所控制，而不是为恒沸点所控制，溶剂在塔内也不需要挥发，故热量消耗较恒沸精馏小，在工业上应用也更为广泛。

乙醇-水能形成恒沸物（常压下，恒沸物乙醇质量分数 95.57%，恒沸点 78.15℃），用普通精馏的方法难以完全分离。本实验利用乙二醇为分离剂，对乙醇-水混合物进行萃取精馏，制取无水乙醇。

由化工热力学可知，压力较低时，原溶液组分 1（轻组分）和组分 2（重组分）的相对挥发度（α_{12}）可表示为：

$$\alpha_{12} = \frac{p_1^s \gamma_1}{p_2^s \gamma_2} \tag{1}$$

而加入溶剂 S 后，组分 1 和组分 2 的相对挥发度（α_{12}）$_S$ 则为：

$$(\alpha_{12})_S = \left(\frac{p_1^s}{p_2^s}\right)_{TS} \times \left(\frac{\gamma_1}{\gamma_2}\right)_S \tag{2}$$

式中　$(p_1^s/p_2^s)_{TS}$——加入溶剂 S 后，三元混合物泡点下，组分 1 和组分 2 的饱和

蒸气压之比；

$(\gamma_1/\gamma_2)_s$——加入溶剂 S 后，组分 1 和组分 2 的活度系数之比。

一般把$(\alpha_{12})_s/\alpha_{12}$叫做溶剂 S 的选择性。因此，萃取剂的选择性是指溶剂改变原有组分间相对挥发度的能力。$(\alpha_{12})_s/\alpha_{12}$越大，选择性越好。

三、实验装置流程和试剂

1．萃取精馏塔

萃取精馏塔流程图见图 1，实物图见图 2。

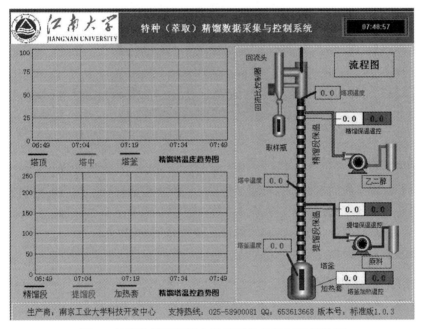

图 1　精馏装置流程图和数据采集及控制系统界面

2．实验试剂

乙醇，化学纯（纯度 95%）；乙二醇，化学纯（水含量<0.3%）；蒸馏水。

3．实验设备安装及调试（教学实验由教师预先准备好）

A．安装

（1）向精馏柱装填少量瓷环垫底，再装入 θ 网环（$\varphi2\sim3$）填料，注意填料要紧密堆积。给玻璃套管缠电热带（每段套管缠 1 根）。

（2）在玻璃件磨口处均匀涂上高真空硅脂，以保证磨口连接润滑和密封。（磨口处要定期补涂真空硅脂，长期不用应将磨口接头松开，防止磨口结死！）

图 2　萃取精馏装置实物图

B．调试

（1）检查系统的密封性（可用减压法），检查精馏塔塔身是否垂直。

（2）检查各电路运行是否正常。

（3）校核温度计、压力计和流量计，校核分析方法。

（4）测定精馏塔理论塔板数。

四、实验步骤和操作

1．开机

开启气相色谱仪，调节载气流量、汽化温度、柱温和热导检测器温度，调节桥流，使之稳定，供产品分析用（气相色谱仪使用方法见附录二）。

如没有气相色谱仪，也可用卡尔-费休法分析或者用比重法分析。

2．萃取精馏塔操作

（1）向塔釜内加入少许碎瓷环（以防止釜液暴沸）及 80~120mL 60%~95%乙醇，取样分析。在加料量筒中按组分标签分别加入溶剂乙二醇和 60%~95%乙醇。向塔顶冷凝器通入冷却水。

（2）升温　合上总电源开关，温度显示仪有数值显示，观察各温度测点指示是否正常。

开启仪表电源开关，塔釜加热控制和各保温段加热控制仪表应有显示。按动仪表上的参数给定键，通过增减键调节釜加热温度设定值和各保温段加热温度设定值。根据设定温度的高低，用电流调节旋钮调节电流。塔釜加热温度设定值和各保温段加热温度设定值也可直接由触屏计算机设定，设定界面如图 1 所示。

升温操作注意事项：

① 塔釜加热控温仪表的设定温度要高于塔釜物料泡点 50~80℃，使传热有足够的温差。其值可根据实验的要求而调整。如蒸发量小，则应增大温差；如蒸发量大，则应减少温差，以免造成液泛。

② 升温前，再次检查冷凝器-塔头是否通入冷却水！

③ 当釜液开始沸腾时，根据塔的操作情况调节各保温段加热温度的设定值，不能过大或过小，否则影响精馏塔操作的稳定性。本实验各保温段加热温度的设定值大约为 80℃，各保温段加热电流大约是 0.3mA（回收段）、0.9mA（精馏段）和 0.5mA（提馏段）。

（3）建立精馏塔的操作平衡　升温后注意观察塔釜、塔中、塔顶温度和釜压力的变化。塔头出现回流液时，保持全回流 30min 左右，观察温度和回流量。釜压力过大时，注意检查是否出现液泛。当塔顶温度稳定，回流液量稳定时，可取少量塔顶产品，分析其组成。同时取少量塔釜料，分析其组成。根据全回流时的塔顶和塔釜组成，可估算全塔理论塔板数。

（4）当塔顶产物组成稳定，且显示精馏塔的分离效果良好时，可开启回流比调节器，给定一回流比，维持少量出料。同时开启进料蠕动泵，加入原料。进料量和出料量可按物料衡算计算，保持乙醇的平衡。稳定情况下，回流比控制在 (2~4)：1。

（5）开启溶剂流量计，加入溶剂乙二醇，进行萃取精馏操作。调节溶剂与原料体积比（溶剂比）(2~4)：1 左右。稳定约 20min，取样分析。塔顶产物中水含量应小于 2%~3%。

（6）实验中应及时记录温度、压力、流量和回流比数据。注意观察塔釜液位，如果液位显著上升，应及时抽出釜液，保持釜液液位稳定。塔顶、塔釜和塔中温度随时间变化曲线由计算机界面自动显示。

（7）如时间许可，调节回流比和溶剂比进行不同条件下的精馏实验。

（8）实验结束，应先停止加热，切断电源。关闭冷却水。如实验装置长时间不用，应将各磨口接头松开，防止磨口结死！关闭色谱仪。

3. 间隙精馏塔操作

其操作与萃取精馏塔相同，但较萃取精馏塔简单，不需向塔中加溶剂，也无需补充原料。釜液可用 20%乙醇的水溶液，加入量为塔釜容积的 2/3 左右。控制一定的回流量或回流比，当精馏塔达到平衡时，可同时由塔顶和塔釜取样分析。计算精馏塔的理论塔板数。

五、实验数据记录

（1）间隙精馏塔操作所需记录参数见表 1。

表 1　间隙精馏塔操作记录

实验日期：＿＿＿＿　室温：＿＿＿＿　大气压：＿＿＿＿　塔釜加料量：＿＿＿＿ g，原料醇含量：＿＿＿＿

时间	釜加热包温度/℃和电流/mA	塔身保温温度/℃及电流/mA	操作温度/℃ 釜	操作温度/℃ 顶	釜压	回流比	塔顶产物组成（醇质量分数）/%	塔釜产物组成（醇质量分数）/%	备注

（2）萃取精馏塔操作所需记录参数见表 2。

表 2　萃取精馏塔操作记录

实验日期：＿＿＿＿＿＿　室温：＿＿＿＿　大气压：＿＿＿＿＿＿
塔釜加料量：＿＿＿＿ g，原料中醇含量（质量分数）：＿＿＿＿%，乙二醇中水含量（质量分数）：＿＿＿＿%

时间	釜加热包温度/℃和电流/mA	塔身保温温度/℃及电流/mA 上	中	下	操作温度/℃ 釜	中	顶	釜压	进料量/(mL·min⁻¹) 原料	溶剂	回流比	溶剂比	塔顶产物组成（醇质量分数）/%	塔釜产物组成（醇质量分数）/%	备注

六、实验数据处理

1．估算精馏塔理论塔板数

根据表 1 和表 2 中的数据，利用芬斯克（Fenske）方程估算理论塔板数（全回流条件下理论板），芬斯克方程为：

$$N_{min} = \frac{\lg\left(\dfrac{x_D}{1-x_D} \cdot \dfrac{1-x_W}{x_W}\right)}{\lg \alpha} - 1 \tag{3}$$

式中　x_D——馏出液中易挥发组分的摩尔分数；

94

x_W——釜液中易挥发组分的摩尔分数。

相对挥发度取 $\qquad\qquad \alpha = (\alpha_{顶}\alpha_{底})^{0.5} \approx 1.63$

（由于乙醇-水体系非理想性较强，理论塔板数估算误差较大。较准确的标定方法是利用苯-四氯化碳或苯-二氯乙烷或正庚烷-甲基环己烷等体系。）

2．比较普通精馏和萃取精馏塔顶产物组成

3．估算萃取精馏乙醇回收率

$$乙醇回收率（质量分数）= \frac{塔顶产物质量 \times 塔顶产物醇含量（\%）}{原料进料质量 \times 原料醇含量（\%）+塔釜中醇减少的质量} \times 100\%$$

七、实验结果和讨论

1．实验结果

（1）给出萃取精馏塔全塔理论塔板数。

（2）给出萃取精馏实验条件。

（3）比较普通精馏和萃取精馏塔顶产物组成，并说明为什么萃取精馏塔顶产物醇含量高。

2．讨论

（1）实验中为提高乙醇产品的纯度，降低水含量，应注意哪些问题？

（2）分析影响乙醇回收率的因素。

（3）对实验装置和操作有何改进意见？

3．思考题

（1）萃取精馏中溶剂有什么作用？如何选择溶剂？

（2）回流比和溶剂比的意义如何？它们对塔顶产物组成有何影响？

（3）塔顶产品采出量如何确定？

八、实验注意事项

（1）塔釜加热量应适当。过大时易引起液泛；过小时蒸发量过小，精馏塔难以正常操作。

（2）塔身保温要维持适当。温度过高会引起塔壁过热，物料易二次汽化；过小则塔中物料冷凝量增加，增大内回流，精馏塔也难以正常操作。

（3）塔顶产品量取决于塔的分离效果（理论塔板数、回流比和溶剂比）及物料衡算结果。不能任意提高。

（4）加热控制宜微量调整，操作要认真细心，平衡时间应充分。

实验七　乙酸乙酯催化加氢制乙醇实验

一、实验目的

（1）熟悉乙酸乙酯催化加氢制乙醇的催化剂评价过程，了解加氢类催化剂的特点，了解乙酸乙酯催化加氢操作条件对催化剂性能的影响；

（2）掌握反应温度控制和测量方法以及加料的控制与计量方法；

（3）掌握反应产物的分析测试方法，熟悉气相色谱使用方法；能够准确计算反应物转化率、产物选择性和收率。

二、实验原理

燃料乙醇是一种清洁能源，将它作为油品添加剂与汽油混合形成乙醇汽油可以提高汽油的抗爆性能，减少汽车尾气污染物的排放，既符合我国的可持续发展战略，又是一种应对能源危机的重要手段，具有十分重要的经济价值和战略意义。乙酸乙酯加氢制己醇是一种生产乙醇的新工艺，制备高效廉价的催化剂和寻找合适的工艺条件是研究该工艺的关键。

1931 年，Adkins 和 Folkers 首先发现了酯加氢可生成两分子醇的反应。对于乙酸乙酯催化加氢的反应可表示为：

$$CH_3COOC_2H_5 + 2H_2 \xrightarrow{\text{催化剂}} 2C_2H_5OH$$

传统的酯加氢催化剂可分为均相催化剂与非均相催化剂两类。均相催化剂主要包括金属氢化物（如 $LiAlH_4$）和金属钌复合物。常用的非均相催化剂主要有 Rh 基催化剂、Ni 基催化剂和 Cu 基催化剂等。本实验采用 Cu 基负载型催化剂，催化乙酸乙酯的加氢反应。

另外，乙酸乙酯加氢生成乙醇的过程中可能伴随有许多副反应。例如，乙醇脱氢生成乙醛，乙醇加氢脱水生成甲烷和乙烷，乙醇分子间脱水生成乙醚，酯交换反应等等。因此，乙酸乙酯催化加氢产物中，除生成乙醇外，还伴随有许多副产物，如乙醛、甲烷、乙烷、乙酸和乙酸丁酯等。

在相对较低温度（220~260℃）范围内，乙酸乙酯转化率随着温度的升高迅速提高，主要是因为温度的升高增加了活化分子的比例，增大了活化分子与催化剂接触的概率。但是当温度由 260℃升高到 300℃时，虽然反应转化率继续升高，但升高的幅度没有低温时大，主要是因为乙酸乙酯催化加氢反应属于放热反应，温度的升高有不利影响。此外，当温度高于 280℃时，选择性下降，说明高温容易引发副反应。因而，反应温度一般控制在 220~260℃范围内。

压力升高会提高催化剂表面的反应物浓度，导致反应物与催化剂表面的碰撞概率增大，从而使更多的反应物参与反应。反应压力过高时，转化率趋于稳定。乙醇的选择性随压力的变化幅度较小，比较稳定。所以反应压力一般控制在1~2MPa。

空速的提高，导致乙酸乙酯在催化剂表面的停留时间缩短，反应物与催化活性中心的接触时间短，乙酸乙酯转化率会下降，但乙醇的选择性会提高。空速过低时，反应物在催化剂表面的停留时间过长，副反应发生，乙醇的选择性降低，所以液体空速一般控制在 $1.6h^{-1}$［空速是指规定的条件下，单位时间单位体积催化剂处理的气体量，单位为 $m^3/(m^3 \cdot h)$，简化为 h^{-1}］。

三、实验装置和流程

图 1 和图 2 分别给出了实验流程图和实验装备实物图。氢气和乙酸乙酯的流量分别由质量流量计和蠕动泵控制，乙酸乙酯经汽化器汽化后与 H_2 混合并进入不锈钢固定床反应器反应，离开反应器的反应产物经过冷凝器冷凝后进入气-液分离器，不凝气体经尾气冷凝器后排空，冷凝的液相产物（产品）收集于气-液分离器下部，待实验结束后称重、取样。

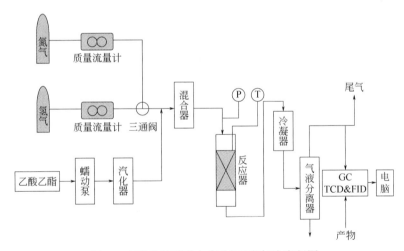

图 1 乙酸乙酯催化加氢制乙醇实验流程图

反应产物用气相色谱仪（GC）分析，其中气相产物包含氢气和少量乙醇、乙酸乙酯、乙醛等，有时也会产生甲烷、乙烷等产物。

液相产物中主要包括未反应的乙酸乙酯和大部分的乙醇，另外也包含少量的副产物（乙醛、乙醚、丙酮）。

反应所用原材料包括：硝酸铜，分析纯；硝酸铝，分析纯；无水碳酸钠，分析纯；乙酸乙酯，分析纯。

图 2　乙酸乙酯催化加氢制乙醇实验装置实物图

四、实验步骤

1. 催化剂的制备

采用共沉淀法制备催化剂。称取所需质量的金属硝酸盐，按照一定比例混合后，溶于适量去离子水中，配成浓度为 1mol/L 的金属盐溶液。另取一定质量的无水碳酸钠溶于适量去离子水中，配成浓度为 1mol/L 的溶液。将金属盐溶液置于一个分液漏斗中，将碳酸钠溶液置于另一个分液漏斗中，在不断搅拌下将两者并流滴加到一个三口烧瓶中，通过控制两种溶液的流速。保持烧瓶中溶液的 pH 为 7，利用电加热磁力搅拌器保持溶液温度为 70℃。沉淀结束后老化 12h，之后进行抽滤，得到的滤饼用去离子水多次洗涤后放入烘箱中，于 110℃下干燥，得到催化剂前驱体。将前驱体置于马弗炉中，在 450℃下焙烧 4h 后，经研磨压片筛分后得到 40~60 目的催化剂颗粒，置于干燥器中备用。

2. 操作步骤

（1）了解并熟悉实验装置及流程，弄清物料走向、加料及取样方法。

（2）在实验前对所用到的仪器设备进行校正，包括流量计校正、热电偶校正和平流泵校正。

（3）催化剂装填：将 2g 40~60 目的催化剂与相同目数的石英砂混合后装入反应管中，在其上下分别装入石英砂。催化剂位于反应器的恒温段。

（4）检验仪器装置的气密性：向系统中通入 N_2，缓慢升高压力，通过涂抹肥皂水的方法检验可能的泄漏点。停止升压后，如果反应系统的压力下降不超过

0.02MPa，则认为气密性良好。

（5）对催化剂进行还原操作：室温下按 2℃/min 的速度升温至 260℃，并保持 90min，然后以 1℃/min 的速度升温至 350℃，保持 120min。还原气为常压下的 H_2，结束后继续用 H_2 吹扫，降温至所需反应温度。

（6）催化剂还原完成后，调整到进行乙酸乙酯与氢气进行反应的条件：温度 220~300℃，反应压力 0.1~3MPa，液体空速 0.5~2h^{-1}，氢气/酯摩尔比为 4。

（7）反应出口气体经冷凝器冷凝后进入气-液分离罐，气体可放空或进入气相色谱进行分析。反应达到稳态后，分别对液相和气相进行分析，测定流量组成。

五、实验数据记录

实验过程中，将实验数据及时、准确地记录到表 1 中。对液相产物进行分析，将分析结果记录到表 2 中。

表 1　乙酸乙酯加氢制乙醇实验数据

时间/h	温度/℃		原料				液相产品/g
	汽化器	反应器	乙酸乙酯/(g/min)		氢气/(g/min)		
			始	终	始	终	
1							
2							
3							

表 2　液相产物分析结果

反应温度/℃	乙酸乙酯加入量/g	液相产物			
		乙酸乙酯		乙醇	
		含量/%	质量/g	含量/%	质量/g

六、实验数据处理

（1）根据实验结果求出乙酸乙酯的转化率、乙醇的选择性：

$$乙酸乙酯的转化率 = \frac{原料中的乙酸乙酯量（g）- 产物中的乙酸乙酯量（g）}{原料中乙酸乙酯量（g）} \times 100\%$$

$$乙醇的选择性 = \frac{生成的乙醇量（g）}{已反应的乙酸乙酯量（g）} \times 100\%$$

（2）实验数据处理　气相组分和液相组分含量通过外标法计量，分析并讨论不同反应操作条件对乙酸乙酯转化率、乙醇选择性的影响。

七、实验结果和讨论

1．实验结果讨论

根据实验结果，求出乙酸乙酯的转化率、乙醇选择性，并讨论实验条件对乙酸乙酯转化率和乙醇选择性的影响。

2．思考题

（1）为什么乙酸乙酯加氢反应要在低温高压下进行？

（2）采取哪些措施可以提高转化率和产率？

八、实验注意事项

（1）实验过程中称量要准确。

（2）在开启平流泵之前，料液管路上的阀门要处于恰当的开或关状态。

（3）反应器、汽化器温度较高，勿触摸。

（4）实验中要防止物料泄漏，保持室内良好通风。

附有关物质的物理性质：

1．乙醇

沸点	78℃
分子量	46.07
密度（20℃）	789kg/m³

2．乙酸乙酯

沸点	77℃
分子量	88.11
密度（25℃）	0.902g/cm³

第四章

表面活性剂合成实验

表面活性剂是一类具有两亲结构的有机化合物，通常一端为亲水基团，另一端为疏水基团。疏水基团一般是非极性的烃链，如 C_8 以上的烷基、芳香烃基等。亲水基团又分为阴离子型、阳离子型、非离子型、两性型等，如常见的羧酸盐、磺酸盐、季铵盐、乙氧基化物、甜菜碱等。亲水和亲油基团的相对大小或者相对强度决定了它们能溶于水或是油中，只需添加极少量，就能在气/液、液/液、固/液等界面上定向排列，进而改变界面性质，产生一系列界面现象，如润湿、分散、发泡、乳化、去污等。因而在洗涤、化妆品、食品、医药卫生、采油、造纸、化纤、纺织、制革、塑料、橡胶、涂料、金属加工、机械、建材、采矿、选矿、煤炭等众多产品和技术领域有广泛的应用。

本章将依据基于表面活性剂亲水基的分类法，介绍最常见的几种不同类型的表面活性剂的实验室制备方法。具体包括：阴离子型表面活性剂，如十二烷基苯磺酸钠（LAS）、醇醚硫酸盐（AES）、油酸钾；非离子型表面活性剂，如脂肪酸二乙醇酰胺、乙二醇硬脂酸酯、烷基糖苷；阳离子型表面活性剂，如十二烷基苄基氯化铵；以及两性型表面活性剂，如十二烷基二甲基羧基甜菜碱等。最后介绍一种 CO_2/N_2 开关型表面活性剂的制备。

实验八 阴离子型表面活性剂（1）—— 十二烷基苯磺酸钠的制备

一、实验目的

（1）掌握十二烷基苯磺酸钠（LAS）的制备方法；

（2）掌握反应产物的一般分析方法，并进行物料衡算；

（3）练习有机合成实验相关仪器设备的安装；

（4）了解不同磺化剂的磺化反应机理、特点、工艺条件及相关具体操作；

（5）了解十二烷基苯磺酸钠的性质、用途和使用方法。

二、实验原理

磺化（sulfonation）反应是表面活性剂领域最重要的反应之一。在化学原理上，磺化反应是指在有机分子中的碳原子上引入磺酸基（—SO_3H）、形成 C—S 键的反应。通过这一反应，有机分子上连接了一个亲水基，成为表面活性剂分子，具有乳化、润湿、发泡等多种性能。通常饱和的烷烃不能直接磺化，需要借助于苯环、烯烃等不饱和基团才能引入磺酸基。

工业上常用的磺化剂有浓硫酸、发烟硫酸、三氧化硫、氯磺酸和氨基磺酸等。一般认为它们的磺化活性为三氧化硫＞氯磺酸＞发烟硫酸＞浓硫酸＞氨基磺酸，其中氯磺酸和氨基磺酸虽然也被称为磺化剂，但它们多用于羟基（例如脂肪醇或脂肪醇聚氧乙烯醚）的硫酸化，形成的是 C—O—S 键。

十二烷基苯磺酸钠，简称 LAS，是所有表面活性剂中单产最大的品种，在合成洗涤剂中作为主表面活性剂，此外在工业领域也具有广泛的应用。LAS 易溶于水，化学稳定性好，但抗硬水性较差。

十二烷基苯磺酸钠是由十二烷基苯经磺化、中和得到。可用的磺化剂有浓硫酸、发烟硫酸或三氧化硫。目前，工业上大规模生产均采用三氧化硫-空气混合物磺化路线。含 3%~5%三氧化硫的气体（干燥空气）和十二烷基苯在降膜式磺化器中进行磺化，气液分离后，生成的磺酸进入中和系统，用氢氧化钠水溶液中和，得到浆状的 LAS 单体，也可以进一步干燥得到 LAS 粉末。但在实验室中，一般难以采用三氧化硫磺化，因为缺少三氧化硫的来源。实验室中常用的磺化剂为发烟硫酸和浓硫酸，因此本实验主要介绍用发烟硫酸和浓硫酸磺化十二烷基苯制备 LAS 的工艺，反应方程式如下：

$$\text{C}_{12}\text{H}_{25}\text{—C}_6\text{H}_5 + \text{H}_2\text{SO}_4\cdot\text{SO}_3 \longrightarrow \text{C}_{12}\text{H}_{25}\text{—C}_6\text{H}_4\text{—SO}_3\text{H} + \text{H}_2\text{SO}_4 \qquad (1)$$

$$\text{C}_{12}\text{H}_{25}\text{—C}_6\text{H}_5 + \text{H}_2\text{SO}_4 \longrightarrow \text{C}_{12}\text{H}_{25}\text{—C}_6\text{H}_4\text{—SO}_3\text{H} + \text{H}_2\text{O} \qquad (2)$$

$$\text{C}_{12}\text{H}_{25}\text{—C}_6\text{H}_4\text{—SO}_3\text{H} + \text{NaOH} \longrightarrow \text{C}_{12}\text{H}_{25}\text{—C}_6\text{H}_4\text{—SO}_3\text{Na} + \text{H}_2\text{O} \qquad (3)$$

三、主要试剂和仪器

十二烷基苯（RB）、20%发烟硫酸，98%浓硫酸、氢氧化钠、氯仿、酸性混合指示剂、四口烧瓶、温度计、125mL 滴液漏斗、500mL 分液漏斗、250mL 烧杯、球形冷凝管、100mL 具塞量筒、锥形瓶（250mL）、酸式滴定管（50mL）、碱式滴定管（50mL）、滴定台、电热恒温水浴锅、机械搅拌器、升降台、电子天平等。

四、实验步骤

1. 发烟硫酸磺化

（1）磺化：在装有搅拌器、温度计、滴液漏斗的 500mL 三口烧瓶或四口烧瓶（如图 1 所示，回流冷凝管可以不装，烧瓶浸入水浴中）中，加入十二烷基苯 100g。按烃/酸比（质量比）=1：1.15 计算发烟硫酸的投料量（115g），用烧杯称取，转移到滴液漏斗中。将水浴温度调节到 25~35℃ 范围内，开始滴加发烟硫

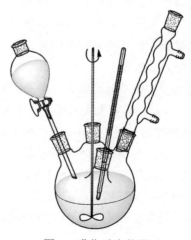

图 1　磺化反应装置

酸，加料时间为 0.5~1h。因磺化反应是放热反应，反应过程中需要通循环水冷却，控制反应温度为 30~40℃。加料完毕后老化 0.5h，得到混酸，取样测定混酸的中和值。

（2）分酸：在同一装置中进行。按混酸：水（质量比）=85：15 计算加水量（使废酸的浓度稀释到 76%~78%，易于与磺酸分离），用烧杯称取所需量的去离子水，加入滴液漏斗中，在不断搅拌下滴加到混酸中，滴加时间 20~30min，滴加过程中控制物料温度为 50~55℃（分酸亦为放热反应，需要冷却）。滴加完毕，趁热将物料转移到分液漏斗中静置分层。上层为磺酸，下层为废酸，将两者分开存放。

2．浓硫酸磺化

（1）磺化：采用相同的反应装置，烧瓶中加入十二烷基苯（100g）；按烃：酸比=1：1.6（质量比）计算浓硫酸（98%）的投料量（160g），用烧杯称取，转移到滴液漏斗中。搅拌下缓慢滴加到烷基苯中，加料时间 0.5~1h。加料过程中通过水浴控制温度在 50~55℃，加料完毕后升温至 60~70℃，继续反应 2h，得到混酸，取样测定混酸的中和值。

（2）分酸：将上述混酸降温至 40~50℃，缓慢滴加约 43mL 去离子水，然后将混合物转移到分液漏斗中，静止分层，分别取上层磺酸和下层的废酸测定中和值，弃去下层（水和无机盐），收集上层磺酸（有机相）。

3．中和

根据测定的磺酸中和值和需要中和的磺酸量（约为产品的一半）确定 NaOH 用量，在 400mL 烧杯中配制成质量分数为 20%的氢氧化钠水溶液，另取一个 100mL 烧杯保留少部分氢氧化钠溶液（如图 2 所示）。然后在搅拌下缓慢将磺酸滴加到氢

磺酸

NaOH溶液

图 2　中和反应装置

氧化钠溶液中，控制温度为 35~45℃（放热反应），加料时间控制为 0.5~1h。当磺酸快要加完时用 pH 试纸测量所得单体的 pH 值，根据情况，补加磺酸或氢氧化钠溶液，调节 pH=7~8，并记录质量分数 20%氢氧化钠溶液和磺酸的总用量。中和完成后，继续保温 15~30min。将得到的产品称重，依次测定单体总固体含量、无机盐含量、活性物含量等。

五、实验注意事项

（1）磺化反应为激烈的放热反应，必须严格控制加料（酸）速度及反应温度。

（2）发烟硫酸、浓硫酸、磺酸以及废酸均有腐蚀性，注意切勿弄到手上及衣物上。

（3）磺化实验使用的玻璃仪器，均必须干燥无水，否则将影响反应。

（4）分酸时必须将水滴到混酸中，不得一下子倒入，要严格控制加水量、注意分酸温度，避免结块、乳化现象，以免造成分酸困难。

（5）中和反应必须在碱性环境中进行（酸加到碱中），属于放热反应，因此必须保持良好的搅拌，控制好加料速度及中和温度。

（6）中和完毕必须将单体的 pH 控制在 7~8，切勿偏酸或偏碱。

六、思考题

（1）磺化反应的影响因素有哪些？

（2）观察烷基苯磺酸中和过程有些什么现象，并加以解释。

（3）烷基苯磺酸钠可用于哪些产品配方中？

（4）混合指示剂两相滴定法测定活性物含量的原理是什么？在操作中应注意些什么？阳离子标准液是如何标定的？

（5）烷基苯磺酸钠单体中包含哪些成分？它们对单体结构有何影响？

实验九　阴离子型表面活性剂（2）——醇醚硫酸盐（AES）的制备

一、实验目的

（1）了解醇醚（酚醚）氯磺酸硫酸化反应的原理、工艺条件及操作方法；

（2）掌握硫酸化反应装置的搭建或安装；

（3）学习有关反应物、中间产物和产物的一般分析方法，并进行物料衡算。

二、实验原理

脂肪醇聚氧乙烯醚硫酸盐（AES）具有优良的洗涤、去污和发泡性能，是目前绝大部分洗发水、沐浴露、餐洗等液体洗涤用品中的主要表面活性剂之一。氯磺酸是一种高效的磺化/硫酸化试剂，反应活性强，副产物 HCl 可以及时排出，使反应充分完全。主要用于制取脂肪醇硫酸盐、脂肪醇聚氧乙烯醚硫酸盐等。

AES 的制备分两步进行，先用脂肪醇聚氧乙烯醚（AEO_3）与氯磺酸反应，生成脂肪醇聚氧乙烯醚硫酸酯，该硫酸酯不稳定，需要立即用氢氧化钠水溶液中和，得到脂肪醇聚氧乙烯醚硫酸钠（AES）产品，反应方程如下：

$$R(OCH_2CH_3)_nOH + ClSO_3H \longrightarrow R(OCH_2CH_3)_nOSO_3H + HCl \qquad (1)$$
$$(AEO_3) \qquad R=C_{12}H_{25} \sim C_{14}H_{29}$$

$$R(OCH_2CH_3)_nOSO_3H + NaOH \longrightarrow R(OCH_2CH_3)_nOSO_3Na + H_2O \qquad (2)$$
$$(AES)$$

副反应：

$$ClSO_3H + H_2O \longrightarrow H_2SO_4 + HCl \qquad (3)$$

三、主要试剂和仪器

AEO_3、氯磺酸、氢氧化钠、氯仿、酸性混合指示剂、四口烧瓶、温度计、125mL 滴液漏斗、250mL 烧杯、球形冷凝管、100mL 具塞量筒、锥形瓶（250mL）、酸式滴定管（50mL）、碱式滴定管（50mL）、滴定台、电热恒温水浴锅、机械搅拌器、升降台、电子天平。

四、实验步骤

氯磺酸硫酸化采用间歇反应。图 1 是反应装置示意图，包括一个四口烧瓶，

107

装有温度计、加料滴液漏斗以及尾气吸收管（必须干燥无水）。尾气吸收管与两个气体洗瓶相连，靠近四口烧瓶的洗瓶中装去离子水，另一个洗瓶中装 8%的 NaOH 水溶液，体积控制在洗瓶体积的 2/3 左右，实验开始前预先称重，采用微负压操作。

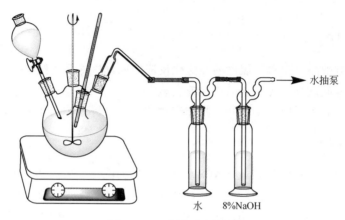

图 1　AES 制备装置简图

（1）投料：安装并检查装置，开动水抽泵检查抽气效果，称取 AEO_3 放入四口烧瓶中，按 AEO_3：$ClSO_3H=1$：$(1.02\sim1.04)$（摩尔比）确定氯磺酸的投料量。若 AEO_3 的投料量为 100g，计算出 $ClSO_3H$ 的投料量。用烧杯称取所需量的 $ClSO_3H$，转移到滴液漏斗中。

（2）硫酸化反应：开动搅拌器，在强烈搅拌下，通过滴液漏斗滴加 $ClSO_3H$，加料时间为 1h 左右，控制反应温度为 $30\sim35℃$（放热反应，需要冷却），注意搅拌必须良好，但避免将反应物溅到滴液漏斗的出料口（易产生结焦现象）。反应生成的 HCl 气体经过导管引出，经过两个气体洗瓶吸收，最后经水抽泵导入水池。

（3）老化：加料结束，继续搅拌反应 $10\sim15min$（注意观察颜色变化）。反应结束后拆卸装置，称取所得硫酸酯的重量，称取两个吸收瓶的重量变化，计算 HCl 吸收率。取样 $2\sim3g$ 测定中和值，另取样 10g 左右测定未反应的醇醚含量。

（4）中和：反应生成的硫酸酯不稳定、易分解，应立即中和。与烷基苯磺酸的中和类似，采用间歇中和工艺，根据测定的硫酸酯中和值和需要中和的硫酸酯的重量，计算中和所需的 NaOH 量，配制成 4%的水溶液，放入 800mL 或 1000mL 烧杯中（注意留少许，以便调节 pH 值）。

用水浴控制中和温度在 $40\sim50℃$，搅拌下缓慢将硫酸酯加入到 4%浓度 NaOH 溶液中，加料时间控制在 $30\sim45min$，最终调节产品 pH 值为 $7\sim9$。即得醇醚硫酸盐（AES）单体。中和过程中注意搅拌速度不宜太快和太猛烈，防止夹入大量空气。对所得产品进行进一步分析，包括测定总固体、无机盐和活性物的含量等。

108

五、实验注意事项

（1）硫酸化反应为激烈的放热反应，必须严格控制加料（酸）速度及反应温度。

（2）氯磺酸有强腐蚀性，注意切勿弄到手上及衣物上。

（3）硫酸化使用的仪器，均必须干燥无水，否则将导致氯磺酸水解，影响反应。

（4）反应后所得硫酸酯不宜久存，必须立即中和。中和温度不可过低，加料不宜过快，搅拌不宜太快。

（5）中和终点必须很好地将单体 pH 控制在 7~9，切勿偏酸或偏碱。

六、思考题

（1）硫酸化反应中，氯磺酸的投料量是如何确定的？

（2）AEO_3 硫酸化反应与 RB 的磺化有何区别？各有什么特点？其反应温度为什么不能过高？

（3）为什么 AEO_3、氯磺酸及所用仪器必须干燥无水？

（4）为什么 AEO_3 变成硫酸酯后必须立即中和，否则将产生什么不良后果？

（5）怎样才能保证单体的质量？你认为必须采取哪些措施？

实验十　阴离子型表面活性剂（3）——醇醚硫酸铵（AESA）的制备

一、实验目的

（1）了解醇醚（酚醚）氨基磺酸硫酸化的反应原理、工艺条件及操作；

（2）掌握相关硫酸化合成试验的仪器设备和安装方法；

（3）学习对反应物、中间产物和产品的一般分析方法，并进行物料衡算。

二、实验原理

脂肪醇聚氧乙烯醚硫酸铵（AESA）就是 AES 的铵盐，属于一种弱酸性阴离子表面活性剂，具有优良的表面活性，如低刺激性、柔软性、发泡性、润湿性和去污性能等。在合成路线上，有两步法和一步法之分。其中在工业上目前采用两步法，即以脂肪醇聚氧乙烯醚为原料，先用 SO_3 硫酸化，再用氨水或者液氨中和得到目标产品。该法反应速度快，转化率高，产品含盐量少，质量好，适合于大规模工业生产。而在实验合成少量样品时，采用氨基磺酸作为硫酸化剂，可以一步得到产品，该法反应温和、实验过程安全、无"三废"污染，无需用氨水或液氨中和，产品色浅，无机盐含量低，质量好，相关反应设备也很简单。

该反应的主反应式如下：

$$R(OCH_2CH_2)_3OH + NH_2SO_3H \xrightarrow{\text{尿素}} R(OCH_2CH_2)_3OSO_3NH_4 \qquad (1)$$
$$(AEO_3) \qquad\qquad\qquad\qquad (AESA)$$

式中，$R=C_{12}H_{25}\sim C_{14}H_{29}$。

三、主要试剂和仪器

AEO_3、氨基磺酸、尿素、柠檬酸钠、氯仿、酸性混合指示剂、四口烧瓶、温度计、250mL 烧杯、球形冷凝管、100mL 具塞量筒、锥形瓶（250mL）、酸式滴定管（50mL）、碱式滴定管（50mL）、滴定台、电热恒温水浴锅、机械搅拌器、升降台、电子天平等。

四、实验步骤

反应所用仪器须干燥无水。

（1）投料　安装并检查装置（同实验八），称取一定量，例如 100g，AEO_3 放入四口烧瓶中，按照反应物投料摩尔比 AEO_3：氨基磺酸：尿素=1：1.2：(0.1~0.2)

计算出氨基磺酸和尿素的投料量，称取所需量的尿素（2.8g）加入瓶中。

（2）反应　开动搅拌器搅拌，将体系温度升至40~60℃，将氨基磺酸（36.7g）研磨成粉并分批加入。然后将反应温度升到100~105℃，继续反应，大约半小时后能观察到原本互不相容的混合物慢慢变成了黏稠的膏状物，继续搅拌反应1~1.5h。注意保持良好的搅拌。

（3）加水稀释　反应结束后，加水（43mL）稀释，再用少量柠檬酸钠调节pH=6~7。

（4）测定　对获得的醇醚硫酸盐（AESA）产品进行总固体、无机盐和活性物含量的测定。

五、实验注意事项

（1）氨基磺酸有一定的腐蚀性，操作过程中勿使其与人体接触。若不慎接触皮肤，需立刻用大量水冲洗，严重的需就医；若不慎入眼，必须立刻先用大量清水冲洗，再就医；实验及称量过程中要保证充分的通风，避免吸入粉末。

（2）加料过程中要仔细观察实验现象，如体系温度、混浊度等的变化，监测实验进程。

（3）硫酸化过程中使用的玻璃仪器应尽量干燥无水。

六、思考题

（1）常见的合成醇醚硫酸盐的方法有哪些？
（2）硫酸化反应中，反应物的投料量如何确定？
（3）与传统的氯磺酸试剂相比，使用氨基磺酸进行硫酸化反应有什么优点？
（4）反应温度与产品的生成速度及转化率有何关系？
（5）氨基磺酸为什么需要研磨成粉状再投料？

实验十一 阴离子型表面活性剂（4）—— 油酸钾（钾皂）的制备

一、实验目的

（1）了解皂化反应原理，观察皂化过程中的现象；

（2）掌握皂化实验操作技能。

二、实验原理

皂化反应是指一定温度下，中性油脂与碱作用生成脂肪酸盐（即脂皂）和甘油的反应。另一种制备肥皂的方法是直接用脂肪酸与碱中和。本实验采用后者，以脂肪酸为原料，制取液体皂，其反应式如下：

$$RCOOH + KOH \longrightarrow RCOOK + H_2O \tag{1}$$

三、主要试剂和仪器

油酸、氢氧化钾、无水乙醇、烧杯（600mL）、机械搅拌器、电子天平、锥形瓶（250mL）、碱式滴定管（50mL）、滴定台、升降台、电热恒温水浴锅、电热套。

四、实验步骤

（1）用烧杯称取油酸50g备用。

（2）按氢氧化钾：油酸（摩尔比）=1.05：1，计算并称取所需量的氢氧化钾，用一个400mL的烧杯配制成质量浓度为8%~10%的水溶液备用。

（3）另取一个400mL烧杯，加入少量氢氧化钾溶液，置于恒温水浴升温至70℃，然后在搅拌状态下缓慢同时加入氢氧化钾溶液和油酸进行中和反应。反应过程中保持良好的搅拌，防止出现结块，直至反应结束后，用pH试纸测定调整产物的pH至微碱性（pH=8）。

（4）分析游离脂肪酸含量、游离碱含量、总固体含量，并计算脂肪酸钾盐的含量。注意：

脂肪酸钾盐含量（%）= 总固体量（%）– 游离碱含量（%）–游离脂肪酸含量（%）

五、实验注意事项

实验中酸碱必须同时缓慢加入，保持烧杯中物料呈碱性状态。

六、思考题

（1）在皂化操作中，把酸加入碱溶液中与把碱溶液加到酸中有无不同？为什么？

（2）是否所有的脂肪酸均可用来制备液体皂？

实验十二　非离子型表面活性剂（1）——脂肪酸二乙醇酰胺（6501）的制备

一、实验目的

（1）加深理解脂肪酸甲酯化反应的原理和实验方法，掌握脂肪酸甲酯化实验操作技能与脂肪酸甲酯的分析方法，制取一定量脂肪酸甲酯产品；

（2）熟悉真空蒸馏操作，掌握产品精炼方法；

（3）掌握椰子油脂肪酸二乙醇酰胺的制备方法，了解其基本性能。

二、实验原理

椰子油脂肪酸二乙醇酰胺（6501）是一种非离子型表面活性剂，具有润湿、净洗、柔软、抗静电等性能，尤其对水溶液有增稠作用，能够稳定其它表面活性剂形成的泡沫。此外对动植物油和矿物油具有良好的脱油能力，还具有防止钢铁生锈的能力，与其它表面活性剂配伍具有良好的增效、分散污垢的作用。6501 成品为琥珀色黏稠液体，毒性与肥皂相当，属于低毒性物质，对皮肤刺激性小。

椰子油酸烷醇酰胺分子中有长链烃基、酰氨基和极性的羟基，除了作为非离子型表面活性剂使用外，它们也用作有机合成的原料。本实验中，椰子油酸二乙醇酰胺的合成分三步：第一步是椰子油酸的甲酯化；第二步是椰子油酸甲酯的减压蒸馏精炼；第三步是椰子油酸甲酯的胺解，胺解反应完成后，分离出甲醇即得到脂肪酸烷醇酰胺。

甲酯化反应方程式如下：

$$RCOOH + CH_3OH \xrightarrow{H_2SO_4} RCOOCH_3 + H_2O \qquad (1)$$

胺解反应的主反应为：

$$RCOOCH_3 + NH(CH_2CH_2OH)_2 \longrightarrow RCON(CH_2CH_2OH)_2 + CH_3OH \qquad (2)$$

胺解反应的副反应为：

$$RCOOCH_3 + NH(CH_2CH_2OH)_2 \longrightarrow$$
$$RCOOCH_2CH_2NHCH_2CH_2OH + (RCOOCH_2CH_2)_2NH + H_2O \qquad (3)$$

三、主要试剂和仪器

椰子油酸、甲醇、98%浓硫酸、氢氧化钾、二乙醇胺、无水乙醇、四口烧瓶、球形冷凝管、直形冷凝管、真空接管、圆底烧瓶（100mL）、机械搅拌器、升降台、电子天平、锥形瓶（250mL）、碱式滴定管（50mL）、滴定台、电热恒温水浴锅、电热套。

四、实验步骤

1．椰子油酸的甲酯化

（1）在装有搅拌器、温度计的500mL的四口烧瓶中，加入100g椰子油酸（装置如图1所示）。

（2）按照甲醇：椰子油酸（摩尔比）=6∶1称取甲醇，然后称取相当于脂肪酸质量0.9%的98%浓硫酸（也可以根据浓硫酸的相对密度用量筒量取），缓慢导入甲醇中混合。

（3）将甲醇和浓硫酸的混合液加入到四口烧瓶中，用空心塞塞紧加料口。

（4）加热恒温水浴，使反应瓶内物料处于微沸状态（72~75℃），即为反应开始，记下反应时间，保持回流4h后反应结束，停止加热，使物料冷却至50℃以下。

（5）通过减压蒸馏回收甲醇（装置如图2所示）。

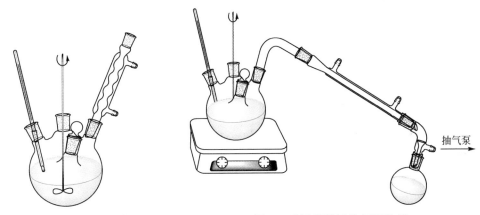

图1　椰子油酸甲酯化装置　　　　图2　减压蒸馏回收甲醇装置

（6）将已蒸出甲醇的椰子油酸甲酯混合物称重，转移到500mL分液漏斗中静置分层。上层为椰子油酸甲酯，下层为酸渣，放出酸渣，记下重量。上层用50℃左右的热水进行洗涤。每次洗涤用水量为甲酯的1.5倍，放出洗涤水，用pH试纸测定pH，重复洗涤，直至放出的洗涤水pH呈中性为止。

（7）对洗涤后的甲酯（粗酯）称重，进行物料衡算，计算出酯化率等：

$$酯化率 = \frac{皂化价 - 酸价}{皂化价} \times 100\%$$

2．粗酯的减压蒸馏

（1）按图3接好真空减压蒸馏装置，检查真空系统，保证气密性良好，不漏气。

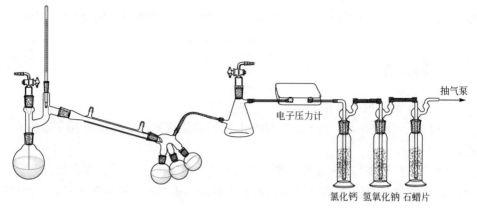

图 3　真空减压蒸馏装置

（2）加入脂肪酸甲酯，打开电热套加热电源，开启真空泵、将毛细管调至合适的进气量，以维持蒸馏瓶中搅拌良好，冷却器中通冷却水。

（3）记录压力计读数及气、液相温度，切取合适的馏分。

（4）停止加热，松开加热套，待物料冷却后，松开毛细管上的螺旋夹，破真空，关真空泵。

（5）收集产品，倒掉残渣。计算产品得率，分析产品的酸价和皂化价。

$$精甲酯得率 = \frac{精甲酯量}{粗甲酯量} \times 100\%$$

3. 椰子油酸甲酯的胺解

（1）按图 4 安装好反应装置，以 1∶1∶0.05（摩尔比）加入椰子油酸甲酯和二乙醇胺、氢氧化钾（氢氧化钾溶解于二乙醇胺中投料）。

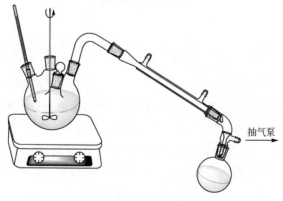

图 4　6501 合成装置

（2）加料完毕后升温，通氮气，开启水抽泵抽真空至 200mmHg（约 26.66kPa）以上，维持反应温度在 116℃左右，反应 2~3h，当馏出的甲醇达到规定数量时，反应结束。

（3）计算产品的活性物含量并测定产品的泡沫性能。

烷基醇酰胺含量（%）=100－未反应二乙醇胺含量－石油醚抽提物含量－KOH含量

五、实验注意事项

（1）洗涤粗酯时振摇不宜剧烈，需用50℃热水洗涤。

（2）甲酯蒸馏时必须干燥无水，注意减压蒸馏的开关顺序，防止倒吸和爆沸。

六、思考题

（1）脂肪酸甲酯化为什么要在沸腾状态下进行？在最后进行物料平衡计算时发现什么问题？原因何在？

（2）减压蒸馏操作有哪些需要特别注意？真空度、残压和大气压之间的关系如何？

（3）假如采用脂肪酸乙酯胺解，反应温度应作怎样的变化？反应温度的高低对反应有什么影响？

实验十三 非离子型表面活性剂（2）—— 乙二醇硬脂酸酯（珠光剂）的制备

一、实验目的

（1）学习乙二醇硬脂酸酯的合成方法；了解乙二醇硬脂酸酯的性质及用途；

（2）学习油脂酸值（价）的测定方法，跟踪反应过程中酸值的变化。

二、实验原理

乙二醇硬脂酸酯是一种珠光剂，广泛应用于珠光乳液香波中，在配方中的用量一般为 1%~5%。乙二醇硬脂酸酯通常由乙二醇和硬脂酸在酸催化下直接合成。由于是可逆反应，并且使用的醇、酸及产品的沸点都比水高得多，所以在反应过程中，需要不断地将生成的水排出体系而加快反应进程，以提高反应转化率。

乙二醇是二元醇，两个羟基都能发生酯化反应。实验表明，将乙二醇与脂肪酸按近似等摩尔比投料时，形成的产物中，乙二醇单酯和双酯的摩尔比近似为 2：1。酯化反应温度一般控制在 140℃左右，用甲苯磺酸作为酯化催化剂。

反应式：

$$HO\!-\!\!\!\!\underset{}{}\!\!\!\!-OH + RCOOH \xrightarrow{HO_3S\!-\!\!\bigcirc\!\!-CH_3} \left[\begin{array}{c} -OOCR \\ -OH \end{array}\right. + \left.\begin{array}{c} -OOCR \\ -OOCR \end{array}\right] + H_2O \quad (1)$$
$$(R=C_{17}H_{35})$$

三、主要试剂和仪器

硬脂酸、乙二醇、对甲苯磺酸、氢氧化钾、无水乙醇。四口烧瓶、直形冷凝管、真空接管、圆底烧瓶（100mL）、机械搅拌器、电子天平、锥形瓶（250mL）、碱式滴定管（50mL）、滴定台、分析天平、升降台、电热套。

四、实验步骤

（1）在装有搅拌器，温度计的 500mL 的四口烧瓶中，加入 100g（0.35mol）硬脂酸，22g（0.35mol）乙二醇，1%对甲苯磺酸（以硬脂酸计），加热使物料熔化，然后取 1~2g 样品于锥形瓶中，测定酸值，作为反应开始前（0min 时）的酸值。

（2）开动搅拌器，升温至 140℃下反应。依次在反应 15min、30min、60min、90min、120min、180min 时取样，测定酸值。待酸值达到 10~15 后，降温到 80℃，迅速出料，将产品倒入一浅盘中，凝固成蜡状固体。

（3）继续分析产物的皂化值和羟价。

（4）将相关实验数据和结果记入表1。

表1 乙二醇硬脂酸酯合成和分析数据

反应时间/min	取样量/g	滴定消耗 KOH 量/mL	酸值
0			
15			
30			
60			
90			
120			
180			
产品皂化值	取样量/g	滴定消耗 KOH 量/mL	皂化值
1			
2			
3			
产品羟价	取样量/g	滴定消耗 KOH 量/mL	羟价
1			
2			
3			

五、实验注意事项

（1）本实验中，温度是影响反应过程的主要因素。产品的酯化率随温度升高而增加，但温度过高将影响产品的色泽，导致产品发红，影响品质等级，同时也使副反应产物增加。一般适宜的温度为140℃。

（2）反应时间对酯化率及酸值也有影响。反应时间过短时，反应不够完全，而反应时间过长时，双酯的含量会过高。

六、思考题

（1）若要制取亲水性强的硬脂酸酯，应采用何种亲水性原料？

（2）本产品属于什么类型的物质？

（3）采取哪些措施能提高单酯含量？

119

实验十四　非离子型表面活性剂（3）——烷基糖苷（APG）的制备

一、实验目的

（1）学习烷基糖苷的合成方法，了解烷基糖苷的性质及用途；

（2）掌握负压合成操作及旋转蒸发仪的使用方法。

二、实验原理

烷基糖苷（APG）是基于天然可再生资源的一种非离子型表面活性剂，它不受石油资源的制约，被誉为新型世界级绿色表面活性剂，在世界市场上有广阔的前景。APG 兼有非离子型与阴离子型表面活性剂的许多优点，不仅活性高、水溶液表面张力低、去污力强、泡沫丰富细腻和稳定，而且对皮肤无刺激、无毒、生物降解性好、相容性好、对环境无污染、天然、绿色等。

由于具有上述特性，APG 在日用清洁制品中应用广泛。例如：以烷基糖苷为主活性物，制成的重垢型衣用液体洗涤剂具有良好的水溶性，去污效果好，深受消费者欢迎。由于优良的生物降解性和温和性，APG 还大量用于餐具洗涤剂的配制，产品对皮肤无刺激，去油污效果好，泡沫小，易漂洗，具有较好的市场前景。以 APG 为活性成分的各类洗发香波、沐浴露，产生的泡沫洁白细腻，具有良好的调理和养护作用。此外，APG 还可用作食品乳化剂、建材助剂、农药增效剂、破乳剂、增稠剂、分散剂、防尘剂等。

工业上 APG 的合成方法主要有两种，一种是两步转糖苷法，另一种是一步直接苷化法。两步转糖苷法是先以葡萄糖和丁醇在酸催化下反应生成丁基糖苷，然后将丁基糖苷与 $C_8 \sim C_{18}$ 脂肪醇在酸催化下进行转糖苷反应，生成 $C_8 \sim C_{18}$ 烷基糖苷。主要反应方程式如下：

$$（1）$$

本实验采用一步法合成烷基糖苷工艺。以葡萄糖和 $C_8 \sim C_{18}$ 脂肪醇为原料，在催化剂的存在下直接反应，生成烷基糖苷。主要反应方程式如下：

$$n\ \text{HO} \underset{\text{OH}}{\overset{\text{OH\ OH}}{\bigcirc}} + \text{ROH} \underset{}{\overset{\text{H}^+}{\rightleftharpoons}} \left[\text{H} \underset{\text{OH}}{\overset{\text{OH\ OH}}{\bigcirc}} \text{O} \cdots \text{R} \right]_n + n\ \text{H}_2\text{O} \qquad （2）$$

反应过程中一般使用酸催化剂，在真空状态下进行反应。反应物中脂肪醇需过量，反应结束后在高真空下除去未反应脂肪醇，再用水稀释后进行脱色处理。

三、主要试剂和仪器

葡萄糖、十二醇、对甲苯磺酸、氢氧化钠。四口烧瓶、直形冷凝管、真空接管、100mL 圆底烧瓶、机械搅拌器、水循环真空泵、旋片式真空泵、泡沫仪、电子天平、升降台、电热套等。

四、实验步骤

如图 1 所示，搭好反应装置，采用负压操作，具体要求和操作步骤如下：

（1）反应物投料比为十二醇：葡萄糖（摩尔比）=4：1，催化剂对甲苯磺酸用量为葡萄糖质量的 2%。

（2）检查装置，称取十二醇（例如：186g）放入四口烧瓶中，称取对甲苯磺酸 0.9g，加入四口烧瓶中。开动搅拌器，将体系温度升至 40~60℃。

（3）称取葡萄糖 45g，研磨成粉，加入反应瓶中，升高温度到 100~115℃，开启循环水真空泵，继续搅拌反应 4~6h。注意保持良好搅拌。

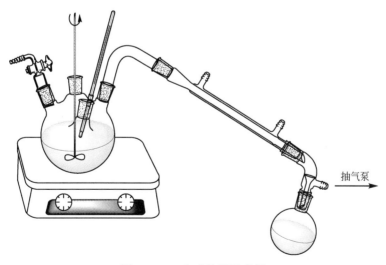

抽气泵

图 1　APG 合成装置示意图

121

（4）观察物料是否澄清透明，用 EDTA—硫酸铜法鉴定反应终点。反应结束后开启导气活塞，关闭循环水真空泵，降温至 80℃，用 30%氢氧化钠水溶液中和催化剂，调节产品 pH 至中性（按对甲苯磺酸加入量计算）。

（5）继续开启搅拌，保温 80℃，关闭导气活塞，开启循环水真空泵，将加入的水和中和生成的水抽走后停止（大约 10min）。

（6）将产物转移到旋转蒸发器中，升温至 150℃，减压（5mmHg，666.61Pa）回收十二醇。

（7）回收十二醇称重，产品称重。

（8）计算产品得率并测定产品的泡沫性能。

$$糖苷得率（质量分数）=\frac{糖苷量}{原料中的葡萄糖量}×100\%$$

五、实验注意事项

（1）反应温度不可超过 120℃，负压操作注意检漏。

（2）物料转移过程中，注意防止烫伤。

六、思考题

（1）反应过程中，真空度对反应有何影响？为什么要采用真空反应？

（2）反应温度如果过高对反应有何影响？

（3）一步法和两步法合成烷基糖苷的优缺点？

附：反应终点鉴定

1. CuSO₄—EDTA 试剂的配制

（1）将 8.3g CuSO$_4$·5H$_2$O 和 18.6g 乙二胺四乙酸（EDTA）加入到 800mL 蒸馏水中配制成溶液。

（2）将 20g NaOH 加入到 200mL 蒸馏水中，配成溶液。

（3）将 NaOH 溶液倒入 CuSO$_4$-EDTA 溶液中，边倒边搅拌，若有沉淀产生，则滤去后保留清液。

（4）配制好的试剂略显淡蓝色。溶液中各物质的浓度分别为 0.0332mol/L Cu（Ⅱ）、0.05mol/L EDTA、0.5mol/L NaOH。

2. 分析方法

用刻度试管取 0.5mL 反应混合物，加入 2.0mL 蒸馏水稀释，自来水流水冷却。用精确 pH 试纸测定反应混合物的 pH 值，并用 2mol/L NaOH 溶液调节 pH ≈ 12。加入 1mL CuSO$_4$-EDTA 试剂，在 80~90℃的水浴中加热 40~60s。若溶液的颜色由淡蓝色变为砖红色，则可断定反应基本到达终点，此时反应混合物中的葡萄糖浓度大约在 4.0~7.0mg/mL。

3．判定方法（见表 1）

表 1　反应混合物中含糖量与实验现象的关系

序号	实验现象	含糖量/(mg/mL)
1	淡蓝色溶液无明显变化	2.0 以下
2	溶液颜色变为绿色	2.2~3.8
3	溶液颜色变为砖红色	4.0~7.0
4	溶液变浑浊，有少量砖红色沉淀产生	7.2~11.8
5	大量砖红色沉淀产生	12.0 以上

实验十五 阳离子型表面活性剂——十二烷基二甲基苄基氯化铵的制备

一、实验目的

（1）了解季铵盐型阳离子表面活性剂的性质和用途；

（2）掌握季铵盐型阳离子表面活性剂的制备原理和方法；

（3）掌握表面张力、泡沫性能的测定方法和界面张力仪、罗氏泡沫仪的使用方法。

二、实验原理

阳离子表面活性剂主要是含氮的有机胺衍生物，由于其分子中的氮原子含有孤对电子，故能以氢键与酸分子中的氢结合，使氨基带上正电荷。其中季铵盐型阳离子表面活性剂是最重要的阳离子表面活性剂品种，既可溶于酸性溶液，又可溶于碱性溶液，具有一系列优良的性质，而且与其它类型的表面活性剂相容性好，因此使用广泛。

合成阳离子型表面活性剂的主要反应是 N-烷基化反应，其中叔胺与烷基化试剂作用，生成季铵盐的反应被称为季铵化反应。制取季铵盐所使用的烷基化试剂是烷基卤化物或其它易给出烷基的化合物，其中常用的有一氯甲烷、氯化苄、溴甲烷、硫酸二甲酯、硫酸二乙酯、环氧乙烷、苄基环氧乙烷等。

十二烷基二甲基苄基氯化铵（1227）是一种季铵盐型阳离子表面活性剂，其结构特点是氮原子上连有三个烷基和一个苄基，属非氧化性杀菌剂，具有广谱、高效的杀菌灭藻能力，能有效地控制水中菌藻繁殖和黏泥生长，是良好的水质稳定剂。同时也是织物柔软剂、抗静电剂、缓染匀染剂。

本实验以十二烷基胺为原料通过 Eschweiler-Clarke 甲基化反应制备十二烷基叔胺，再与烷基化剂氯化苄反应，制取十二烷基二甲基苄基氯化铵。合成反应方程式如下：

$$C_{12}H_{25}NH_2 + 2HCHO + 2HCOOH \longrightarrow C_{12}H_{25}-N\begin{smallmatrix}CH_3\\CH_3\end{smallmatrix} + 2CO_2 + 2H_2O \qquad (1)$$

$$C_{12}H_{25}-N\begin{smallmatrix}CH_3\\CH_3\end{smallmatrix} + ClH_2C-\bigcirc \longrightarrow \left[C_{12}H_{25}-\overset{+}{N}\begin{smallmatrix}CH_3\\CH_3\end{smallmatrix}-CH_2-\bigcirc\right]Cl^- \qquad (2)$$

三、主要试剂和仪器

十二烷基胺、无水乙醇、甲酸、甲醛、氢氧化钠、对甲苯磺酰氯、盐酸、氯化苄。三口烧瓶、搅拌器、升降台、温度计、球形冷凝管、表面张力仪、泡沫仪等。

图1为实验装置示意图。

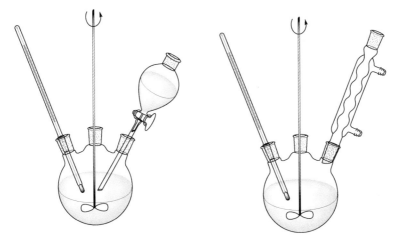

图 1 反应装置示意图

四、实验步骤

1. *N*, *N*-二甲基十二烷基胺的合成

（1）在装有搅拌器、温度计和滴液漏斗的 250mL 三口烧瓶中（图 1 左）加入 40.8g 十二烷基胺和 52mL 无水乙醇，搅拌使十二烷基胺完全溶解（如果气温太低，可适当加热）。

（2）保持体系温度低于 35℃，缓慢加入 56.8mL 甲酸；加完甲酸后用滴液漏斗缓慢加入 60.8mL 甲醛，滴加甲醛过程中要保持体系温度低于 45℃；全部滴加完毕后在 60~80℃下反应 5h。

（3）反应结束后用 15% NaOH 溶液（质量分数）调节反应混合物至 pH=11，并置于分液漏斗中静置过夜。

（4）取少量澄清水层于烧杯中，加入少量对甲基苯磺酰氯，微热，检验是否有沉淀产生。

（5）将油层分离出来，对剩余的水层，用 100mL 石油醚分两次萃取其中的有机物；将石油醚层与油层混合；滴加 1mol/L 盐酸，至混合物 pH=3（注意：轻搅，勿振摇），静置分层；分层后，将石油醚层蒸馏回收待用，将水层用 15%的 NaOH

调节至 pH=11；将碱化的水层用回收的石油醚萃取，弃去水层，醚层蒸馏，烧瓶中的油状物即为二甲基十二烷基叔胺；晾干、称重并计算产率。

2．十二烷基二甲基苄基氯化铵的合成

在装有搅拌器、温度计和回流冷凝管的 250mL 三口烧瓶中（图 1 右）加入 44g *N,N*-二甲基十二烷基胺、24g 氯化苄，加热（90~100℃）回流反应 2~4h。反应结束后，将反应物冷却至室温，即得白色黏稠状液体。

3．测定水溶液的表面张力和泡沫性能

配置 1%水溶液，调节 pH 为 6~7，测定该水溶液的表面张力，并按泡沫力测定法测定溶液的泡沫性能。

五、实验注意事项

（1）分离叔胺过程中的搅拌不宜太剧烈，否则会因乳化现象严重而导致分离困难。若发生乳化现象可以通过加热，添加适量无水乙醇或氯化钠，使之破乳。

（2）玻璃仪器必须干燥。

六、思考题

（1）合成叔胺的方法有哪些？各有什么特点？为何本实验选用伯胺与甲醛、甲酸反应制备二甲基十二烷基叔胺？

（2）试写出本实验中制备二甲基十二烷基叔胺的反应机理。

（3）跟踪二甲基十二烷基叔胺合成反应进行程度的方法有哪些？如何具体设计实验跟踪该反应？

（4）Hinsberg 反应鉴定叔胺反应是否完全的原理是什么？

（5）季铵盐类与胺盐类阳离子型表面活性剂的性质有何区别？

（6）制备季铵盐型阳离子型表面活性剂常用的烷基化试剂有哪些？

（7）季铵盐型阳离子型表面活性剂有哪些工业用途？

实验十六　两性型表面活性剂——十二烷基二甲基甜菜碱的制备

一、实验目的

（1）了解烷基甜菜碱型两性表面活性剂的合成方法；

（2）了解两性表面活性剂的基本提纯方法。

二、实验原理

两性型表面活性剂是指同一个分子中，亲水基一端同时带有正、负两种离子基团的表面活性剂。大多数情况下，阳离子部分为铵盐或季铵盐基团，而阴离子部分又可分为羧酸盐型和磺酸盐型。目前在市场上出售的大都是羧酸盐型。其中由铵盐构成阳离子部分的叫做氨基酸型表面活性剂，而由季铵盐构成阳离子部分的叫做甜菜碱型两性表面活性剂。

甜菜碱型两性表面活性剂无论在酸性、碱性和中性条件下都能溶于水，即使在等电点附近也不会沉淀，且在任何 pH 值时均可使用。

十二烷基二甲基羧基甜菜碱是将 N,N-二甲基十二烷胺和氯乙酸钠在 60~80℃ 反应而成，反应式如下：

$$C_{12}H_{25}-N\begin{matrix}CH_3\\|\\|\\CH_3\end{matrix} + ClCH_2COONa \longrightarrow C_{12}H_{25}-\overset{CH_3}{\underset{CH_3}{\overset{|}{N}^+}}-CH_2COO^- + NaCl \tag{1}$$

生成物具有比氨基酸型两性表面活性剂更好的去污、渗透及抗静电等性能。特别是其杀菌作用比较柔和，较少刺激性，不像阳离子表面活性剂那样对人体有毒性。

N,N-二甲基十二烷基胺可用实验十五中式（1）所示方法来合成。

三、主要试剂及仪器

十二烷基胺、无水乙醇、甲酸、甲醛、氢氧化钠、对甲苯磺酰氯、盐酸、氯乙酸钠、石油醚。pH 试纸、三口烧瓶、搅拌器、升降台、温度计、球形冷凝管、滤纸等。

四、实验步骤

1. N,N-二甲基十二烷基胺的合成

同本章实验十五。

2．十二烷基二甲基甜菜碱的合成

（1）在装有搅拌器、温度计和滴液漏斗的 250mL 三口烧瓶中（实验十五中图 1）加入 10.7g N,N-二甲基十二烷基胺、5.8g 氯乙酸钠、30mL 50%（体积比）乙醇、加热回流（60~80℃）至透明；体系透明后继续反应 2~4h；反应结束后，将反应物冷却至室温；边搅拌边滴加浓盐酸至 pH=2~3，此时悬浊液不再消失；将该悬浊液静置过夜。

（2）抽滤得白色晶体，用 10mL 50%（体积比）乙醇洗涤滤饼；用滤纸吸干晶体，得粗产品；粗产品用乙醇和乙醚的混合溶液（体积比=2∶1）重结晶得精制产品，称重并计算产率。

（3）配置适量 1%水溶液，分别调节至 pH=1、3、5、7、9、11、13，比较该表面活性剂溶液在不同 pH 下的起泡能力。

（4）将干燥后的样品装入毛细管中，用熔点仪测定产品熔点。

（5）配置 1%水溶液，调节 pH 6~7，测定该水溶液的表面张力。

五、实验注意事项

（1）分离叔胺过程中的搅拌不宜太剧烈，否则会因乳化现象严重而导致分离困难。若发生乳化现象可以通过加热、添加适量无水乙醇或氯化钠，使之破乳。

（2）制备好的最终产品中滴加浓盐酸使甜菜碱型表面活性剂析出时不要过多，因滴加过量的盐酸会使沉淀重新溶解到溶液中而达不到分离的目的。

（3）用适量 50%的乙醇溶液洗涤滤饼时，溶剂量不宜过大。过量溶剂会导致产品大量损失。

六、思考题

（1）甜菜碱型两性表面活性剂有哪些？试写出其结构式和可能的合成该类化合物的反应方程式。

（2）两性型表面活性剂与其它类型表面活性剂相比，结构和性能上各有何特征？

（3）烷基甜菜碱型两性表面活性剂和氨基酸型两性表面活性剂相比，其结构和性质上最大差别是什么？

（4）为什么该表面活性剂在不同的 pH 条件下的发泡能力不一样？

一、实验目的

（1）学习 CO_2/N_2 开关型表面活性剂的制备原理和方法；

（2）掌握 CO_2/N_2 开关型表面活性剂的性质和用途；

（3）了解 CO_2/N_2 开关型泡沫、乳状液的制备方法和性能。

二、实验原理

表面活性剂在新材料合成、乳液聚合以及食品、化妆品、医药、农药、石油开采等众多工业和技术领域具有广泛的应用。但是在很多应用场合，并不需要表面活性剂全程发挥作用，而只需在某一阶段发挥作用，之后往往需要将表面活性剂从体系中分离出来。对于常规表面活性剂，将其从体系中分离显然是一个难题，而如果不分离直接排放，一方面浪费了资源，另一方面又导致了环境污染，不符合绿色化发展趋势。因此开发易回收、对环境友好的开关性或刺激响应性表面活性剂具有重要的理论和应用意义。

2006 年 Jessop 课题组首次在 Science 上报道了一种 CO_2/N_2 开关型表面活性剂，N'-长链烷基-N,N-二甲基乙基脒碳酸氢盐，其结构如图 1（右）所示。这种N'-长链烷基-N,N-二甲基乙基脒碳酸氢盐属于阳离子型表面活性剂，与传统表面活性剂相同，具有降低水的表面张力、降低油/水界面张力、润湿、乳化、发泡、增溶等特性。当向 N'-长链烷基-N,N-二甲基乙基脒碳酸氢盐溶液中通入氮气或氩气时，碳酸氢盐表面活性剂分解为 N'-长链烷基-N,N-二甲基乙基脒，如图 1（左）所示，失去表面活性，在水中变得不溶解，可以容易地通过溶剂萃取分离。当向体系中通入 CO_2 时，N'-长链烷基-N,N-二甲基乙基脒重新结合碳酸氢根离子，变成碳酸氢盐表面活性剂。

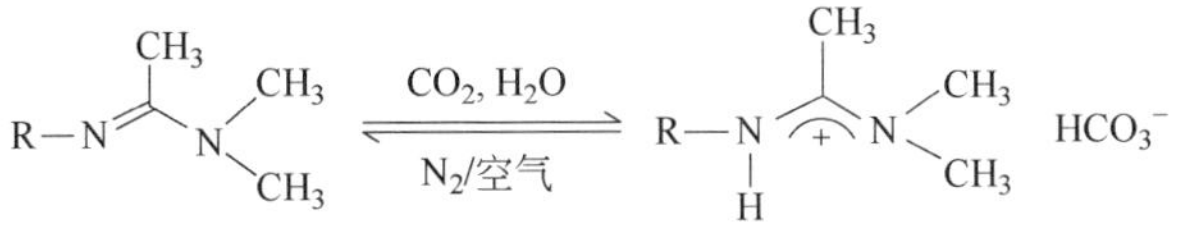

$$R-N=\underset{\underset{CH_3}{|}}{\overset{\overset{CH_3}{|}}{C}}-N-CH_3 \quad \underset{N_2/空气}{\overset{CO_2, H_2O}{\rightleftharpoons}} \quad R-\underset{\underset{H}{|}}{N}-\underset{\underset{CH_3}{|}}{\overset{\overset{CH_3}{|}}{C}}-\overset{+}{N}-CH_3 \quad HCO_3^-$$

$$R = C_{16}H_{33}, C_{12}H_{25}$$

图 1　脒基 CO_2/N_2 开关型表面活性剂的结构和响应原理

2012 年，Scott 等较为系统研究了脒基、咪唑啉、胍基、叔胺为端基的物质，指出下列化合物（见图 2）均具有 CO_2 响应性：

129

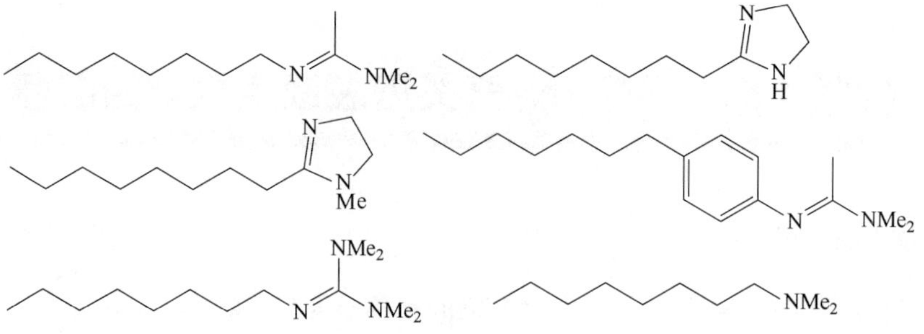

图2　CO_2 响应性化合物

本实验拟以十四酸和 N,N-二甲基-1,3-丙二胺为原料，合成 N-[(3-二甲氨基)丙基]-十四酸酰胺碳酸氢盐表面活性剂，合成反应方程式如下：

$$CH_3(CH_2)_{12}COOH + H_2N\!-\!\!\!-\!\!\!N\xrightarrow[155\sim160℃]{NaF} CH_3(CH_2)_{12}CONH(CH_2)_3N(CH_3)_2 + H_2O \qquad（1）$$

$$CH_3(CH_2)_{12}CONH(CH_2)_3N(CH_3)_2 \xrightarrow[H_2O]{CO_2} CH_3(CH_2)_{12}CONH(CH_2)_3\overset{\oplus}{N}H(CH_3)_2\overset{\ominus}{H}CO_3 \qquad（2）$$

三、主要试剂和仪器

试剂：肉豆蔻酸、N,N-二甲基-1,3-丙二胺、氟化钠、丙酮、乙醇、乙酸乙酯。

仪器：四口烧瓶、搅拌器、升降台、温度计、球形冷凝管、氮气钢瓶、表面张力仪、泡沫仪等。图3为实验装置示意图。

四、实验步骤

1. N-[(3-二甲氨基)丙基]-十四酸酰胺的合成

（1）在装有搅拌器、温度计、球型冷凝管和氮气入口的 250mL 四口烧瓶中（图3）加入 25.05g（0.1095mol）肉豆蔻酸，0.25g 氟化钠（脂肪酸质量的1%），N_2 保护下加热肉豆蔻酸至融化后开动搅拌，缓慢加入 20.54mL（0.1642mol，16.79g，$\rho=0.817g/mL$）N,N-二甲基-1,3-丙二胺，使油浴温度逐渐升高到 155℃，在该温度下连续反应 10h。

（2）反应期间通过 TLC 监测反应进程，展开剂为乙酸乙酯：甲醇=1∶1（体积比），直至原料脂肪酸反应完全。

（3）反应结束后，用 15% NaOH 溶液（质量比）调节反应混合物至 pH=11，并置于分液漏斗中静置过夜。

（4）反应结束后，降温至 5~10℃，加入 200mL 丙酮-水混合溶液（丙酮：水=15∶1，体积比），除去原料羧酸和 N,N-二甲基-1,3-丙二胺，析出大量白色固体，过滤，用丙酮-水混合溶液洗涤滤饼至 TLC 检测不出 N,N-二甲基-1,3-丙二胺为止。将产物真空干燥，计算产率。

130

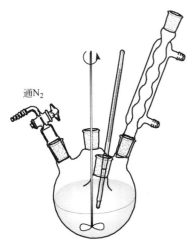

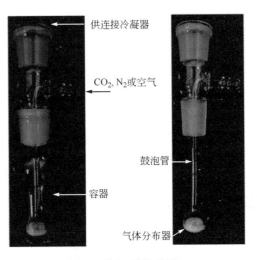

图3　反应装置示意图　　　　图4　通气/鼓泡装置

（5）用熔点仪测定产物的熔点，用傅里叶变换红外光谱仪和核磁共振仪表征产物结构。

2．N-[(3-二甲氨基)丙基]-十四酸酰胺碳酸氢盐的合成

在一定浓度的 N-[(3-二甲氨基)丙基]-十四酸酰胺水溶液中通入 CO_2 至饱和（可采用如图4所示的通气装置），即得 N-[(3-二甲氨基)丙基]-十四酸酰胺碳酸氢盐溶液。

3．N-[(3-二甲氨基)丙基]-十四酸酰胺的 pK_a 测定

首先配制 20mmol/L 的盐酸标准溶液及 20mmol/L 的 N-[(3-二甲氨基)丙基]-十四酸酰胺乙醇水溶液（乙醇：水=2：1，体积比），接着采用盐酸电位滴定法滴定 N-[(3-二甲氨基)丙基]-十四酸酰胺，记录数据并绘制滴定曲线，计算 pK_a 值。

4．CO_2/N_2 响应性能测定

配制 20mmol/L N-[(3-二甲氨基)丙基]-十四酸酰胺的丙酮水溶液（丙酮：水=1：1，体积比），以 10~50mL/min 的气速通入 CO_2，用电导率仪监测溶液的电导率随气体通入的变化过程。随后以相同的气速通入 N_2，记录溶液电导率的变化。

5．N-[(3-二甲氨基)丙基]-十四酸酰胺碳酸氢盐的表面活性测定

配制一系列不同浓度的 N-[(3-二甲氨基)丙基]-十四酸酰胺碳酸氢盐水溶液，用吊环法测定溶液的表面张力，绘制 γ-$\lg c$ 曲线，确定表面活性剂的 cmc、γ_{cmc}、Γ^∞ 等参数。

6．CO_2/N_2 开关型泡沫

配制一定浓度（1~2 倍 cmc）的 N-[(3-二甲氨基)丙基]-十四酸酰胺碳酸氢盐水溶液，取 10mL 溶液放入 50mL 具塞量筒中，盖好盖子，用手上下剧烈振摇 20 次，记录振摇后 0min 和 10min 时泡沫高度，重复 3 次。然后取相同溶液，放入通气装置中，通入 N_2 至饱和，关闭表面活性，再转移到 50mL 具塞量筒中，用手摇法测定泡沫高度（应无泡沫产生）。

7. CO_2/N_2 开关型乳状液

配制一定浓度（2~5 倍 cmc）的 N-[(3-二甲氨基)丙基]-十四酸酰胺碳酸氢盐水溶液，取 5mL 加入到一个 25mL（6.5cm×2.5cm）的小瓶中，加入等体积的烷烃，例如正辛烷、或正癸烷、或正十二烷，用高剪切均质机（例如 IKA T18 basic、S18N-10G head）乳化 2min，用数码相机拍摄乳化后 0h 和 24h 后乳状液的外观照片，用超景深显微镜拍摄乳化后 1h 和 24h 后乳状液液滴的显微照片。将稳定的乳状液转移到通气装置中，通入 N_2 至饱和，观察乳状液外观的变化（破乳）。

五、思考题

（1）各种 CO_2 响应化合物的共同特点和不同之处有哪些？

（2）合成 N-[(3-二甲氨基)丙基]-十四酸酰胺过程中，氟化钠的作用是什么，有何其它化合物可以替代？

（3）为何在测 pK_a 和电导率时采用乙醇-水溶液或者丙酮-水溶液？

（4）采取哪些措施能够提高乳状液的稳定性？

第五章

洗涤用品配方设计与性能评价实验

各种洗涤用品是针对不同的清洗目的而专门配制的产品，通常由表面活性剂和多种辅助成分构成。例如，粉状洗涤剂中，辅助成分包括助洗剂、碱、抗再沉积剂、漂白剂、泡沫调节剂、酶、填充剂等，而液体洗涤剂中则还包括助溶剂、泡沫稳定剂等。洗涤剂是一个多功能协同的复杂体系，体系中各组分在配方中具有各自的功效，各个组分之间并不是简单的机械组合，而是存在复杂的物理化学作用。如果复配得当，则产生互补和协同作用，有利于提高去污力、抗硬水性、抗再沉积能力等功能，或是在具有同等的去污力时大大降低配方成本。但是如果配方设计不当，各个组分之间未产生协同作用甚至功能相互抵触，则配方未达目的，或者导致成本升高，原料浪费。

洗涤剂的配方设计一般应遵循如下基本要求：

（1）配方必须符合目标销售区域的法律法规和标准。

（2）配方应当充分考虑洗涤对象及其相关要求。

（3）配方应考虑到目标销售区域的使用条件和习惯。例如抗硬水剂的用量要与水的硬度匹配、洗涤温度和产品物态稳定性与气象条件匹配，活性组分的含量与使用习惯匹配等。

（4）配方应考虑原料来源的稳定性。一般选择供应稳定、质量可靠、价格合理、来源广泛的原料。

（5）配方应考虑到运输条件和能耗比。一般来说，固体便于运输，而液体便于配制。

实验十八　中和配料一体化配制洗衣粉料浆及其性能评价

一、实验目的

（1）掌握中和配料一体化配制洗衣粉料浆的原理及操作工艺；

（2）了解各种助剂的作用及配方原理；

（3）了解配料过程中的物理化学和胶体化学变化，从而加深对配料工艺及操作的认识；

（4）掌握洗衣粉的分析和性能测定方法。

二、实验原理

合成洗涤剂是肥皂的主要替代品。就外观而言，合成洗涤剂有固态粉状（洗衣粉）和液态（液体洗涤剂）等多种形式。其中粉状洗涤剂占主导地位，产量占所有洗涤用品的40%左右。设计洗涤剂配方时需要通盘考虑产品的洗涤性能、经济性、适用性和先进性等。洗衣粉主要由表面活性剂和各种洗涤助剂构成。工业上最常采用喷雾干燥成型工艺，就是先把各组分溶于水中调成料浆，再经过喷雾干燥变成颗粒，最后再进行后配料，加入热敏性物质如酶制剂、香精等。

洗衣粉的主要成分介绍如下：

（1）表面活性剂　合成洗涤剂中使用最多的表面活性剂是阴离子型的烷基苯磺酸钠。其它以脂肪醇为起始原料的各种表面活性剂也少量用于洗衣粉中，包括：脂肪醇聚氧乙烯醚、脂肪醇硫酸盐、脂肪醇聚氧乙烯醚硫酸盐等。

（2）洗涤助剂

① 硬水软化剂：常用的有三聚磷酸钠和4A沸石。以三聚磷酸钠的性能最好，但其排放能导致湖泊水体富营养化，近年来逐步被限制和淘汰，尤其在湖泊周边流域。

② 碱剂：常用的有纯碱、硅酸钠、小苏打等。

③ 抗污垢再沉降剂：常用的有羧甲基纤维素钠等。

④ 酶制剂：常用的有淀粉酶、蛋白酶、脂肪酶等。酶制剂的加入可提高产品的去污力，但由于它们属于热敏物质，用于洗衣粉配方时，一般不在配料时加入，而是在喷雾干燥后再加入。

⑤ 其它助剂：包括漂白剂、荧光增白剂、泡沫调节剂、料浆调理剂、填充剂、香精、色素等。

135

三、主要试剂和仪器

十二烷基苯磺酸、脂肪醇聚氧乙烯醚硫酸盐（AES）、氢氧化钠、脂肪醇聚氧乙烯醚（AEO_9）、三聚磷酸钠（五钠）、硅酸钠（干基）、沸石、芒硝、纯碱、对甲苯磺酸钠、羧甲基纤维素钠（CMC）、增白剂、标准洗衣粉、商品洗衣粉若干种。烧杯（800mL、400mL、250mL、50mL）、温度计、水浴锅、机械搅拌器、去污机、泡沫仪、白度计等。

四、实验步骤

1．明确洗衣粉配方和料浆指标

本实验要求配制料浆600g，料浆浓度为55%，喷雾干燥后，相应的洗衣粉配方如表1所示。

表1 洗衣粉中各组分的含量 单位：%

原料	配方1	配方2	配方3	配方4	配方5
LAS	15	18	15	3	18
AES	3	—	3	15	—
AEO_9	3	3	3	3	3
五钠	16	17	—	15	—
沸石	—	—	20	—	13
纯碱	7	8	7	7	7
硅酸钠	10	10	10	10	10
芒硝	36	32	32	35	37
对甲苯磺酸钠	2.5	2.5	2.5	2.5	2.5
CMC	1.4	1.4	1.4	1.4	1.4
增白剂	0.1	0.1	0.1	0.1	0.1
水分	6	8	6	8	8

注：表面活性剂含量以活性物计。

2．投料量计算

按配制600g料浆、料浆浓度（总固体含量）55%，计算各组分的用量。其中烷基苯磺酸盐（LAS）由磺酸及碱液中和得到，需要计算相应的磺酸和NaOH用量。具体计算方法如下（单位为g）：

（1）首先计算出将600g料浆喷雾干燥后得到的洗衣粉量。

$$W = \frac{600 \times 55\%}{1 - \text{洗衣粉含水量}（\%）} \text{（g）} \tag{1}$$

（2）计算固体物料投料量。

136

$$固体物料投料量 = W × 配方中含量（\%） \tag{2}$$

（3）计算液体物料投料量。

$$液体物料投料量 = \frac{W × 配方中含量（\%）}{液体物料浓度或活性物含量（\%）} \tag{3}$$

（4）计算磺酸和 NaOH 用量。设定 LAS 为十二烷基苯磺酸钠，摩尔质量=348g/mol。

$$磺酸量 = 固体LAS投料量 × \frac{326}{348} × \frac{1}{磺酸含量（\%）} \tag{4}$$

$$NaOH用量 = \frac{磺酸量（g）× 磺酸中和值}{1000} \tag{5}$$

（5）计算补加水量。

$$补加水量 = 600 × 45\% - 液体物料带入的水 - 中和磺酸生成的水 \tag{6}$$

3．中和配料一体化配制料浆

采用间歇配料工艺。根据工艺要求，拟定配料工艺操作条件和投料顺序，根据计算结果，用小烧杯或报纸称取所有各个组分待用。

投料顺序按下列原则确定：

（1）先难溶后易溶，比如荧光增白剂和 CMC 较难溶，宜先投料；

（2）先轻料后重料，相对密度较大的物料可以克服料浆的浮力而下沉，经过搅拌容易混合均匀，五钠和纯碱相对密度相似，都小于芒硝，所以芒硝应在五钠和纯碱之后投料；

（3）先加量少的，后加量多的，在总物料中，小比例物料先投料，这样可以保证混合均匀；

中和配料一体化配制料浆的一般步骤：先投放碱，加水，配制成 15%左右的水溶液，然后在 30~40℃下投入磺酸中和，调节 pH 为 7~9，注意不要使 NaOH 过量。然后于 40℃左右，在适当搅拌下按加料顺序加入其它组分，视物料黏度补加工艺水。加料时注意不要搅拌太猛，以防料浆夹带空气。

4．料浆参数和性能分析

分析所配料浆的总固体、水溶液的表面张力、测定并评价所配料浆的泡沫力和去污力，并与标准洗衣粉、商品洗衣粉进行对比。

五、实验注意事项

（1）各种物料投料量必须准确无误，计算完投料量后，各物料的总和包括补加工艺水，应当为 600g，误差小于±5g。

（2）必须将所有物料称齐后才开始投料，切不可称一个投一个，以避免重复投料或者遗忘投料。

（3）严格按照投料顺序投料。

（4）配料过程中要细心操作，认真观察物料状态的变化，尤其是物理化学及胶体化学变化等现象。

（5）实验结束后，将所用设备逐一清洗干净。

六、思考题

（1）合成洗涤剂为什么要进行配方？配方的原则及要求是什么？

（2）中和配料一体化配制料浆工艺有何优点？

（3）配料过程是否观察到料浆的黏度变化，与哪些因素有关？

（4）加料顺序的基本原则是什么？配料过程应注意些什么？

实验十九　洗衣粉料浆的喷雾干燥

一、实验目的

（1）熟悉微型喷雾干燥装置及其基本工作原理；

（2）通过实验熟悉喷雾干燥的操作，了解喷雾干燥工艺的优缺点；

（3）了解喷雾干燥产品的形态；

（4）练习洗衣粉制备方法。

二、实验原理

前已述及，洗衣粉包含多种组分，其中一些原料往往是以液体和悬浮液形式供应的，如 LAS 单体、硅酸钠（泡花碱）等。在调制成料浆后，需要去除其中的水分。喷雾干燥、附聚成型以及干混配料是目前工业上用于制备洗衣粉的三种主要工艺，其中喷雾干燥法应用最为广泛。该工艺是通过雾化器将料浆分散为雾滴，在下降过程中与载热流体（一般为热空气）相接触，使雾滴中的水分挥发而变成固体颗粒的一种干燥方法。料浆雾化后，液滴的比表面积显著增大，与热气流的接触面积显著增大，一经接触就迅速进行传热传质，因此干燥速度快，干燥时间短。喷雾干燥时，热气流与物料可以按并流、逆流或混合流的形式相互接触，物料雾滴中的水分迅速蒸发成水蒸气，因此气流既是载热体，又是载湿体。洗衣粉的喷雾干燥常采用逆流干燥法，得到的洗衣粉呈空心颗粒状，堆密度小，流动性和溶解性好。

三、实验装置和流程

本实验采用的是微型气流式喷雾干燥器（顺流式），如图 1 所示。图 2 为实验流程图，可知空气由风机输送，经加热后送至干燥室，浆料通过蠕动泵送至喷雾器，与压缩空气混合从喷嘴喷出，在干燥室中喷成雾滴而分散在热气流中，雾滴在与干燥器内壁接触前水分已迅速汽化，成为微粒或细粉；这些产品随着热气流进入旋风分离器与气体分离，产品进入收集瓶，热气流则通过排气管排出。

该装置具有体积小、重量轻、易操作等优点。干燥塔的塔体为玻璃制成，在实验操作过程中可观察到塔内喷嘴的雾化情况及造粒过程。雾滴的大小与浆料湿含量、黏度、流量、喷嘴进风压力等因素有关。要选用最佳的操作参数才能得到好的结果。当物料的种类和浆液的湿含量已经确定时，通过调节进风量和热风温度及浆液的温度和进料速度就能得到理想的结果。

139

图1　微型喷雾干燥器

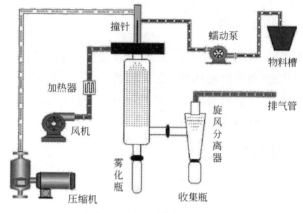

图2　喷雾干燥流程图

四、实验前准备工作

1．喷雾干燥器技术参数

（1）进风温度控制：30~280℃

（2）出风温度控制：30~140℃

（3）最大蒸发水量：2000mL/h

（4）电加热器功率：3.5kW，AC220V，单相电并接地保护

（5）风机：0.1kW，最大风量5.5m³/min，最大风压686Pa

（6）空气压缩机：0.2kW，最大产气量4.2m³/h

（7）压缩空气工作压力：2~5bar（0.2~0.5MPa）

（8）设备外形尺寸：650mm×500mm×1550mm（L×W×H）

（9）喷嘴口径：0.7mm

（10）设备重量：120kg

2．设备的安装

（1）干燥室的安装：用双手将干燥室托住，然后插入干燥室固定卡箍（置于白色 PTFE 垫块上），稍锁螺母手柄，不要完全锁紧。

（2）旋风分离器的安装：将旋风分离器锁紧螺母、密封圈及不锈钢垫片套入旋风分离器的出风管上，然后一起插入设备出风管中，调节干燥室出风口与旋风分离器进风口的位置，使两个口平直对齐，用卡箍将两个口连接起来，最后锁紧旋风分离器的锁紧螺母和干燥腔的锁紧螺母。

140

（3）用连接卡箍将集料瓶和旋风分离器连接起来。

（4）用连接卡箍将集料管和干燥室连接起来。

（5）将喷雾腔安装到设备上，连接 4mm 蓝色气管（通针用）和 6mm 白色硅胶管（喷雾用）。

（6）安装食品级硅胶管至蠕动泵上，并插入喷雾腔进料口。

注意：所有玻璃器皿都为易碎品，安装和清洗时注意小心轻放；确认所有的部件都已安装就位后再通电操作。

3．浆料的准备工作

在喷雾操作前必须对浆料进行过滤处理，防止有较大的颗粒物堵塞喷头，处理方法是：将料液倒入 100 目的不锈钢筛子内，收集下部浆料，再将其放入有搅拌转子的烧杯内，置于搅拌器上，开启搅拌器，使料浆处于搅动状态。为喷出较细的粒子，有些物料还用胶体磨进行细磨。

请注意，有些浆料是粉体与水的悬浮液，静止时粉体就沉降在底部，这样就无法通过蠕动泵进行输送，故一定要搅拌待用。有些浆料是均一的状态，可以不必搅拌直接将蠕动泵的入口管插入该液体内即可。

五、实验步骤

1．开机操作

（1）按照安装说明将各部件安装好。

（2）按下设备的绿色启动按钮，启动电源。

（3）按仪器使用说明（见附录二）启动风机，启动空压机。

（4）设定目标温度 160~180℃，启动加热器。

（5）等待进风温度达到目标值。

2．喷雾操作

（1）喷雾操作前一定要用水做一次预喷雾操作，观察物料雾化及温度变化情况，重新设定风机进风量、进风温度，直到能看见雾状液滴在干燥室中运动。

（2）选取适宜的条件后，记录下各部分的操作参数，将胶管置入已准备好的物料，很快就有温度和压力的变化，并能看到旋风分离器内有粉体出现。

3．停机操作

（1）当物料用完后，进水将胶管内的物料全部喷完后（约 5min），关闭蠕动泵。

（2）关闭空压机。

（3）关闭加热器。

（4）待约 10min 后，再关闭风机。

注：必须进行步骤（4），以给加热器降温，延长使用寿命。

（5）取下旋风分离器的收集瓶，可测试有关指标。

（6）关闭电源，拔下电源插头。

（7）待容器完全冷却后取下清洗。

（8）将喷嘴拆开清洗，洗好后先装通针，然后再装喷嘴。

运行数次后请打开后机箱盖，将压缩机储气罐下方的排水阀打开，将里面的水排掉，然后再将阀关上，装回机箱盖。

六、实验数据记录

实验过程中，注意观察实验现象，及时、准确地将实验数据记录在表1中。

表1　实验技术指标与结果参数记录

指标	风机频率	空气压力	撞针频率	物流量	温度设定	进气温度	出口温度
数值							

七、实验结果和讨论

（1）观察干燥成品的产品形态，测定成品的含水率以及成品的溶解性和溶解速度。

（2）分析洗衣粉的洗涤性能，即泡沫、去污、表面张力等。

八、实验注意事项

（1）喷雾操作前一定要用清水做一次预喷雾操作。

（2）停车前必须先停止加热，但不能停止风机电源，因为加热炉要靠通风带出热量降温，如果风机停止转动则会把加热丝烧毁。

（3）拆下干燥塔及收集瓶，清除粘在塔壁上的物料。更换物料时要用清水将塔洗净。

（4）喷头一定要用清水清洗干净。

（5）正常操作时，玻璃干燥塔温度较高，切勿用手摸。

（6）收集瓶一定要干燥的，在即将装满颗粒后，将进料改为清水，当水进入喷头后就没有物料排出，此时可卸下收集瓶，换上新的。切忌在喷物料时更换收集瓶，那样会有大量的物料飞出。绝对禁止这种操作方法。

九、思考题

（1）为什么在喷雾操作前必须对浆料进行过滤处理？

（2）微型喷雾干燥装置工作的基本原理是什么？

（3）喷雾干燥机雾化器的气流频率对干燥结果有何影响？

（4）喷雾干燥机进、出口温度的高低对洗衣粉的质量有何影响？

142

实验二十　手洗型餐具洗涤剂的配方设计与性能评价

一、实验目的

（1）掌握餐具洗涤剂（洗洁精）的配制方法；

（2）了解洗洁精各组分的性质及配方原理；

（3）了解餐洗产品的性能要求（包括外观及内在质量指标），测定餐具洗涤剂的 pH 值、泡沫性能及去污力。

二、实验原理

手洗型餐具洗涤剂（洗洁精）中，表面活性剂多选用醇醚硫酸盐，其次是烷基硫酸盐。有时还用醇醚硫酸盐和烷基苯磺酸盐或烷基硫酸盐复配。醇醚硫酸盐比烷基苯磺酸盐生物降解性好，对皮肤刺激性小。典型的高级液体餐具洗涤剂是以醇醚硫酸盐为基料配制而成的。采用复配表面活性剂制得的洗涤剂往往比采用单一表面活性剂的洗涤剂在性能和性价比上更为优越。因此，我们日常使用的洗涤剂大多数都是复配型洗涤剂。

配方设计首先要考虑相关产品的国家标准（GB），例如产品的外观、内在质量、卫生安全要求等。另外，手洗型产品还必须考虑产品对人体的安全性、对皮肤的刺激性，带消毒功能的产品还要考虑消毒效果。

表观性能方面有外观、色泽、气味、低温稳定性、高温稳定性、黏度（GB中未作规定，但一般控制在 500~1500cps，1cps=1mPa·s）等。要求产品不分层、无悬浮物或沉淀、透明、无异味、−10~+40℃范围内放置 24h 无结晶和沉淀。

内在质量特性指标有泡沫、pH 值、去污力、表面活性剂（活性物）含量（一般要求≥15%），以及有害物质甲醛、砷、重金属的含量等。

泡沫：家用手洗产品要求发泡性（foamability）好，即瞬时泡沫高度应达到150 mm 左右。但泡沫的持续时间不宜过长，较易消泡。

pH 值：为降低对皮肤的刺激作用，产品的 pH 值不得过高，要求中性~微碱性。最佳 pH=6.5~8.5（1%水溶液，25℃）。

去污力：这是餐洗产品最重要的性能指标之一，但评价时影响因素较多。国标中包含人工洗盘法和去油率法。其中去油率法为仲裁法。

本实验从实际出发，选择 LAS、AES、6501、APG 等表面活性剂配制餐具洗涤剂，并测定餐具洗涤剂的泡沫性能和去污力等。

三、主要药品和仪器

十二烷基苯磺酸钠（LAS）、脂肪醇聚氧乙烯醚硫酸钠（AES）、椰子油脂肪酸二乙醇酰胺（6501）、十二烷基糖苷（APG）、乙二胺四乙酸二钠盐（EDTA）、尿素、氯化钠、苯甲酸钠、去离子水、标准餐具洗涤剂、商品餐具洗涤剂若干种。电动搅拌器、超级恒温水浴锅、罗氏泡沫仪、RHLQ Ⅱ型立式去污力测定机、温度计（0~100℃）、烧杯（100mL、150mL）、量筒（10mL、100mL）、天平、滴管、玻璃棒、电炉、控温仪以及 pH 试纸等。

四、实验内容

1．参考配方

实验的几个配方参见表 1。

表 1　餐具洗涤剂配方（质量分数）　　　　　　　　单位：%

原料	配方 1	配方 2	配方 3	配方 4
LAS	6	6	9	3
AES	6	6	3	9
6501	3	—	3	—
APG	—	3	—	3
EDTA	0.2	0.2	0.2	0.2
氯化钠	2	2	2	2
凯松①	0.02~0.03	0.02~0.03	0.02~0.03	0.02~0.03
香精	0.1~0.2	0.1~0.2	0.1~0.2	0.1~0.2
去离子水	余量	余量	余量	余量

① 凯松为防腐剂。

注：表面活性剂用量皆指活性物含量。

2．操作步骤

（1）将水浴锅中加入水并加热，烧杯中加入所需量的去离子水加热至 60℃左右。

（2）加入 AES 并不断搅拌至全部溶解，此时水温要控制在 50~55℃。

（3）保持温度 50~55℃，在不断搅拌下加入其它表面活性剂，搅拌至全部溶解为止。

（4）降温至 40℃以下，加入香精、防腐剂、螯合剂和增溶剂，搅拌均匀。

（5）测定溶液的 pH 值，调节 pH 至 9~10.5。

（6）加入食盐调节黏度至所需值。调节之前应先把产品冷却到室温或测定黏度时的标准温度。调节后即得到成品。

144

（7）测定或评价所配制的餐具洗涤剂的发泡能力和去污力，并与标准餐具洗涤剂以及商品餐具洗涤剂进行对比。

五、注意事项

（1）AES 应慢慢加入水中。

（2）AES 在高温下易水解，因此溶解温度不可超过 60℃。

六、思考题

（1）配置餐具洗涤剂有哪些原则？

（2）洗洁精的 pH 值应控制在什么范围？为什么？

（3）手洗型餐具洗涤剂和机洗型餐具洗涤剂有哪些相同及不同的要求？如何通过配方实现其要求？

实验二十一　洗衣用液体洗涤剂的配方设计与性能评价

一、实验目的

（1）掌握配制洗衣用液体洗衣剂的工艺；

（2）了解各组分的作用和配方原理。

二、实验原理

衣用液体洗涤剂为无色的或带某种均匀颜色的黏稠液体，易溶于水。自 2011 年以来，我国衣用液体洗涤剂的产量首次超过了洗衣粉，年增长量都在两位数。与粉状洗涤剂相比，液体洗涤剂溶解性好、低温洗涤性能好、使用方便、易于计量、节能环保，且不产生粉尘，而且由于配方中用水代替了大量的无机盐填充物，降低了成本和化学物质的排放。此外，体系碱性较低，洗涤过程中对手和织物具有良好的保护作用。对制造商而言，液体洗涤剂具有配方灵活、制造工艺简单、设备投资少、节省能源和加工成本低等优点。

衣用液体洗涤剂的配方设计首先考虑的仍然是洗涤性能，即产品既要有强去污力，又不损伤衣物。其次还要考虑经济性，即要求工艺简单、配方合理。再次要考虑的是产品的适用性，既要适合我国的国情和消费者的洗涤习惯，也要考虑配方的先进性等。总之要通过合理的配方设计，使产品性能优良而成本低廉，且有广阔的市场。

衣用液体洗涤剂主要由以下几个部分组成：表面活性剂（阴离子型/非离子型表面活性剂复配）、硬水软化剂（柠檬酸钠、偏硅酸钠等）、pH 调节剂（醇胺类化合物、氢氧化钠、氢氧化钾、甲基磺酸等）、助溶剂（乙醇、乙二醇、甘油等）、防腐剂、香味剂、溶剂（水）、增色剂等。

本实验设计了几个衣用液体洗涤剂配方，学生可根据具体可得的原材料和仪器情况，选做一个参考配方或者自己设计一个配方。

三、主要药品和仪器

十二烷基苯磺酸钠（LAS）、脂肪醇聚氧乙烯醚硫酸钠（AES）、椰子油脂肪酸二乙醇酰胺（6501）、脂肪醇聚氧乙烯醚（AEO_9）、十二烷基二甲基甜菜碱（BS-12）、乙二胺四乙酸二钠盐（EDTA）、食盐、纯碱、水玻璃、五钠、香精、色素、荧光增白剂、pH 试纸、磷酸（10%）。标准洗衣液、商品洗衣液若干种。

146

水浴锅、电动搅拌器、烧杯（100mL、250mL）、量筒（10mL、100mL）、滴管、天平、温度计（0~100℃）。

四、实验内容

1. 配方

参考配方见表1。

表1　衣用液体洗衣剂配方（质量分数）　　　　　单位：%

原料	配方1	配方2	配方3	配方4
LAS	6.0	9.0	9.0	3.0
AES	—	—	2.1	6.1
AEO_9	5.6	3.5	—	2.1
6501	3.5	—	2.8	—
APG	—	3.5	—	2.8
BS-12	—	—	2.1	2.0
Na_2CO_3	1.0	—	1.0	—
Na_2SiO_3	2.0	2.0	1.5	1.5
五钠	2.0	2.0	2.0	2.0
EDTA	0.5	0.5	0.5	0.5
NaCl	1.5	1.5	1.0	2.0
荧光增白剂	—	—	0.1	0.1
色素	适量	适量	适量	适量
香精	0.1~0.2	0.1~0.2	0.1~0.2	0.1~0.2
去离子水	余量	余量	余量	余量

注：表面活性剂用量皆指活性物含量。

2. 操作步骤

（1）按配方将所需量的去离子水加入到250mL烧杯中，将烧杯放入水浴锅中，加热使水温升到60℃，慢慢加入AES，并不断搅拌至全部溶解为止。搅拌时间约为20min，在溶解过程中，水温控制在60℃以下。

（2）在连续搅拌下依次加入LAS、AEO_9、6501等表面活性剂，一直搅拌至全部溶解为止，搅拌时间约为20min，保持温度在60~65℃。

（3）在不断搅拌下将纯碱、荧光增白剂、五钠、CMC等依次加入，并使其溶解，保持温度在60~65℃。

（4）停止加热，待温度降至40℃以下时，加入色素、香精等，搅拌均匀。

（5）测定溶液的pH值，并用磷酸调节至pH≤10.5。

（6）降至室温，加入食盐调节黏度，使黏度达到规定值（本实验不控制黏度

147

指标）。

（7）测定并评价所配制的衣用液体洗涤剂的泡沫性能和去污力，并与标准洗衣液和商品洗衣液进行对比。

五、注意事项

（1）按次序加料，必须使前一种物料溶解后再加后一种。

（2）按规定控制好温度，加入香精时的温度必须控制在 40℃ 以下，以防挥发。

（3）制得的产品由实验人员带回试用。

六、思考题

（1）衣用液体洗涤剂有哪些优良的性能？

（2）衣用液体洗涤剂配方设计的原则有哪些？

（3）衣用液体洗涤剂的 pH 值是怎样控制的？为什么？

实验二十二 洗发香波的配方设计与性能评价

一、实验目的

（1）掌握洗发香波的配制工艺；

（2）了解洗发香波中各组分的作用和配方原理。

二、实验原理

洗发香波是一种以表面活性剂为主要成分，以清洁护发为目的的个人清洁产品，其销量在液体洗涤剂中居第三位。现代洗发香波已经突破了单纯的洗发功能，成为集洗发、护发、美发等多功能于一体的化妆型产品。目前洗发香波的种类很多，相应的配方和配制工艺也根据种类的不同而不同。

总体而言，洗发香波的配方设计要遵循以下原则：①泡沫持久而丰富；②脱脂能力适当且柔和；③洗后干湿梳理性优良；④对头发、头皮和眼睑有高度的安全性，尤其不可使用禁用成分；⑤耐硬水；⑥易清洗并保证清洗后头发柔顺、具有光泽。

洗发香波主要由表面活性剂和一些添加剂构成。其中，主要成分为主表面活性剂、辅助表面活性剂、头发调理剂、黏度调节剂、防腐剂和香精等。此外，根据香波的特点，还可以添加一些添加剂，如去头屑剂、珠光剂、固色剂、螯合剂、营养剂、染料等。

常用的主表面活性剂有：脂肪醇聚氧乙烯醚硫酸钠盐或硫酸铵盐等。

常用的辅助表面活性剂有：椰油酰胺丙基甜菜碱、吐温80、十二烷基二甲基甜菜碱等。

调理剂主要有：乳化硅油、阳离子聚季铵盐、富脂剂等。

黏度调节剂或增稠剂主要有：无机盐、椰油酰胺甜菜碱、聚乙二醇酯类、二甲苯磺酸钠等。

遮光剂或珠光剂主要有：硬脂酸乙二醇酯、十八醇、十六醇、硅酸铝镁等。

香精类型多为：水果香型、花香型和草香型等。螯合剂最常用的是乙二胺四乙酸钠（EDTA）。

去头屑止痒剂常用的有：硫、硫化硒、砒碇硫铜锌等。

滋润剂和营养剂有：液体石蜡、甘油、羊毛脂衍生物、硅酮等，另外还有胱氨酸、蛋白酸、水解蛋白和维生素等。

三、主要药品和仪器

脂肪醇聚氧乙烯醚硫酸铵（AESA）、椰子油脂肪酸二乙醇酰胺（6501）、硬脂酸乙二醇酯、脂肪醇聚氧乙烯醚（AEO$_9$）、烷基糖苷（APG）、十二烷基二甲基甜菜碱（BS-12）、吐温80、柠檬酸、氯化钠、香精、色素。

水浴锅、电动搅拌器、温度计（0~100℃）、烧杯（100mL、250mL）、量筒（10mL、100mL）、天平、玻璃棒、滴管等。

四、实验内容

1．配方

参见表1，实验者可以从中任选一个配方。

表1　洗发香波参考配方（质量分数）　　　　单位：%

原料	配方1	配方2	配方3	配方4
AESA	5.6	10.5	9.0	4.5
APG	—	—	—	2.8
AEO$_9$	2.8	—	2.8	2.8
BS-12	1.8	—	3.6	—
硬脂酸乙二醇酯	—	—	2.5	—
吐温80	—	4.5		
柠檬酸	适量	适量	适量	适量
苯甲酸钠	1.0	1.0	—	—
NaCl	1.5	1.5	—	—
色素	适量	适量	适量	适量
香精	0.1~0.2	0.1~0.2	0.1~0.2	0.1~0.2
去离子水	余量	余量	余量	余量

注：表面活性剂用量以活性物含量计。

2．操作步骤

（1）量取所需量的离子水，加入250mL烧杯中，将烧杯放入水浴锅中加热至60℃以上，加入珠光剂使其溶解。

（2）降温至50~55℃，加入AESA并不断搅拌至全部溶解。

（3）保持水温50~55℃，在连续搅拌下加入其它表面活性剂至全部溶解，再加入其它助剂，缓慢搅拌使其溶解。

（4）降温至40℃以下，加入香精、防腐剂、染料、螯合剂等，搅拌均匀。

（5）测定pH值，用柠檬酸调节至5.5~7.0。

150

（6）待温度接近室温时加入食盐调节到所需黏度。

（7）测定所配洗发香波的泡沫力和黏度。

五、注意事项

（1）用柠檬酸调节 pH 值时，需将柠檬酸配成 50%的水溶液。

（2）用食盐增稠时，需将食盐配成 20%的水溶液，食盐的加入量不得超过 3%。

（3）加入珠光剂硬脂酸乙二醇酯时，温度应控制在 60~65℃，且慢速搅拌，缓慢冷却。否则体系可能无珠光。

六、思考题

（1）洗发香波配方的原则有哪些？

（2）洗发香波产品有何要求，如何通过配方来实现其要求？

（3）配制洗发香波的主要原料有哪些？为什么必须控制香波的 pH 值？

（4）为什么在配制过程中 AEO$_9$ 和 AESA 必须在 60℃以下加入？

（5）为什么香精和食盐需在降温后加入？

（6）可否用冷水配制洗发香波？如何配制？

实验二十三　皂基洗手液的配方设计与性能评价

一、实验目的

（1）掌握皂基洗手液的配制工艺；

（2）了解各组分的作用和配方原理。

二、实验原理

在日常生活中，洗手液越来越多地取代了肥皂，成为必不可少的清洁用品。用肥皂、香皂等洗手时，肥皂和香皂容易沾染手上的污垢和细菌，成为二次污染源，而洗手液采用了方便的泵头包装，使用方便，能够有效避免交叉污染。目前，洗手液产品也逐渐由单一的洗涤功能向多重功效发展，例如兼有护肤、美肤、营养、抗菌、抑菌等作用，能够满足消费者多样化的需求。

本实验设计了几个洗手液配方，可根据实验材料和仪器情况，自己设计或选做一个参考配方。

三、主要药品和仪器

油酸钾、椰子油脂肪酸二乙醇酰胺（6501）、脂肪醇聚氧乙烯醚（AEO$_9$）、十二烷基糖苷（APG）、十二烷基甜菜碱（BS-12）、脂肪醇聚氧乙烯醚硫酸钠（AES）、甲基硅油、硬脂酸乙二醇酯、氯化钠、甘油、乙二胺四乙酸二钠（EDTA）、香精、色素。pH试纸、水浴锅、电动搅拌器、烧杯（100mL、250mL）、量筒（10mL、100mL）、滴管、天平、温度计（0~100℃）。

四、实验内容

1. 配方

参见表 1。

表 1　皂基洗手液参考配方（质量分数）　　　　　　单位：%

原料	配方 1	配方 2	配方 3	配方 4
钾皂	3.0	4.0	5.0	5.0
AES	2.0	1.0	—	—
6501	—	1.0	—	1.0

原料	配方 1	配方 2	配方 3	配方 4
AEO$_9$	2.0	—	1.0	—
APG	—	1.0	—	1.0
BS-12	—	—	1.0	—
甲基硅油	0.2	—	—	0.2
硬脂酸乙二醇酯	—	0.5	0.5	—
甘油	2.0	2.0	2.0	2.0
EDTA	1.0	1.0	1.0	1.0
NaCl	—	1.5	—	2.0
色素	适量	适量	适量	适量
香精	0.1~0.2	0.1~0.2	0.1~0.2	0.1~0.2
去离子水	余量	余量	余量	余量

注：表面活性剂用量以活性物含量计，总活性物不小于 7%。

2．操作步骤

（1）按配方要求，量取所需量的去离子水，加入 250mL 烧杯中，再将烧杯放入水浴锅中，加热升温到 60℃，加入 EDTA，搅拌使其溶解。

（2）慢慢加入乙二醇硬脂酸酯，加热使其溶解。

（3）在连续搅拌下依次加入 LAS、AEO$_9$、6501 等表面活性剂，搅拌至全部溶解为止，搅拌时间约为 20min，保持温度在 60~65℃。

（4）在加入钾皂后，将产品冷却至 50℃左右，加入 AES，搅拌溶解。

（5）停止加热，待温度降至 40℃以下时，加入色素、香精等，搅拌均匀。

（6）测溶液的 pH，并用柠檬酸调节至 4≤pH≤10。

（7）使产品温度降至室温，加入食盐调节黏度，使其达到规定黏度（本实验不控制黏度指标）。

（8）测定并评价黏度、泡沫力。

五、注意事项

（1）按次序加料，必须待前一种物料溶解后再加后一种。

（2）AES 为最后投料的活性物组分，钾皂应在 AES 之前投料。

（3）按规定要求控制好温度，加入香精时的温度必须控制在 40℃以下，以防挥发。

（4）制得的产品由学生带回试用。

六、思考题

（1）皂基洗手液有哪些优良的性能？与肥皂相比，有哪些优势？

（2）洗手液的配方设计原则有哪些？

（3）洗手液的 pH 值是怎样控制的？为什么？

第六章

洗涤用品剖析实验

模仿创新是产品创新的模式之一，对成功的商业产品在模仿的基础上进行改良和优化，可以推动技术再升级。洗涤剂配方剖析是产品模仿创新的基础，是洗涤用品研发工程师的必备技能。只有夯实专业基础，积累实践经验，掌握剖析技巧，才能在产品创新活动中做到得心应手，事半功倍。

洗涤剂配方剖析是利用各种分离和分析手段确定其化学成分及含量的过程。主要分离手段包括萃取、蒸馏、离子交换、硅胶柱色谱、薄层色谱、液相色谱和气相色谱等，而主要分析手段涵盖红外、X 射线衍射、核磁共振、质谱等。通过综合运用所学专业知识，结合产品特点和国际标准、国家标准、行业标准等，应用相关的配方剖析方法，最终确定产品的组成和含量，完成产品剖析实验任务。

配方剖析一般应遵从以下步骤：

（1）情报分析。分析的内容包括样品的来源、价格、生产厂家、应用范围、使用性能、商品标签、产品说明、包装材料、销售渠道等，也包括生产厂家的公开信息，如广告文案、公开专利、期刊文章、新闻访谈等。信息背景调查应尽可能全面而细致，以便缩小剖析范围，从而减少工作量。

（2）感官判断。考察样品的物理状态、颜色、气味、晶型、密度、熔点、沸点、溶解性、黏稠度、流动性、颗粒度、荧光性、灼烧性、酸碱性等感官和简单物理性能等。要注重细节，多角度综合分析、印证、推测样品。

（3）定性分析。采用萃取、蒸馏、筛分、离子交换、色谱、重结晶等合适的分离方法将混合物各组分分开；根据物质的特征反应和特性以及仪器分析的结果，确定某种物质的存在与否。

（4）定量分析。宜采用成熟的检验方法（如国际标准、国家标准或行业标准）对已定性的组分进行含量测定。若无相关标准，则应根据组分性质和组成，自行设计测定方法。

（5）应用试验。根据剖析结果拟出试验配方，做出试验样品，然后与对照样品作比较，进行性能和效果评价。当评价结果相差较大时，说明样品剖析不成功，应查找原因；当应用试验评价结果相差不大时，可微调配方直至性能接近。

实验二十四　洗衣粉剖析实验

一、实验目的

（1）了解洗衣粉的复配原理，熟悉洗衣粉剖析的一般方法；
（2）掌握洗衣粉主要成分的分离与鉴定方法；
（3）掌握洗衣粉各组分的定性与定量测定。

二、实验原理

洗衣粉是按照一定配方组合而得到的复合物，主要由表面活性剂与一些有机和无机助剂所组成。用于洗衣粉的表面活性剂主要包括烷基苯磺酸盐、脂肪醇聚氧乙烯醚、脂肪酸甲酯磺酸盐、脂肪醇聚氧乙烯醚硫酸盐、α-烯烃磺酸盐等（通常为钠盐）；助剂主要包括碳酸钠、硫酸钠、硅酸钠、聚丙烯酸钠、羧甲基纤维素钠、三聚磷酸钠、4A沸石等。

因此，洗衣粉样品的剖析一般可以按照图1中的流程进行：

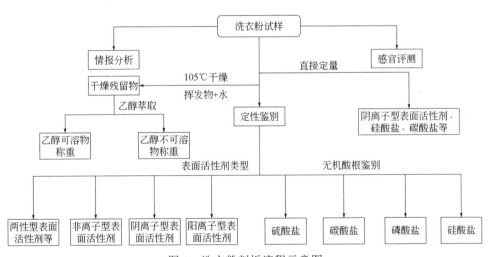

图 1　洗衣粉剖析流程示意图

三、步骤与内容

1. 情报分析
参见第一章内容。

2．感官判断

（1）目测（紫外灯照）：观察颜色、颗粒度、形状。推测成型工艺、是否含带色颗粒、是否含增白剂等，综合情报分析鉴别带色颗粒成分。

（2）嗅觉：评测产品是否加香。如加香，评测产品的香型。

（3）手感：粉体的干燥度，流动性等。

（4）溶解力：制备 1%水溶液，观察是否有不溶物。如有不溶物，则可能含有 4A 沸石；如无，则应属于含磷配方。

3．系统分析

（1）水分（总固体）含量　精确称取 8~10g 左右洗衣粉样品（W_1）于预先称重的 400mL 烧杯（W_0）中，于烘箱中 105℃烘至恒重，称重（W_2）。

$$总固体含量 = \frac{W_2 - W_0}{W_1} \times 100\% \tag{1}$$

$$水分（挥发物）含量 = 100\% - 总固体含量 \tag{2}$$

（2）乙醇可溶物、不溶物定量　在上述烘干后的样品（W_2）中，加入 80~100mL 无水乙醇，搅拌（可稍稍加热），静置，将上层清液倒入漏斗［用事先称重（W_3）的定量滤纸］过滤，再加 50mL 无水乙醇重复操作两次，将滤液加入干燥的 250mL 圆底烧瓶（W_4）中，于乙醇回收装置中回收乙醇，残留物于 105℃下干燥 1h，冷却，称重（W_5），留用。计算乙醇可溶物的含量。

$$乙醇可溶物含量 = \frac{W_5 - W_4}{W_2 - W_0} \times 100\% \tag{3}$$

将滤纸滤渣与烧杯于 105℃下干燥 1h，称重（W_6），计算乙醇不溶物含量

$$乙醇不溶物含量 = \frac{W_6 - W_0 - W_3}{W_2 - W_0} \times 100\% \tag{4}$$

（3）表面活性剂离子类型确认

试样溶液的配制：称取 0.2g 试样，溶于 20mL 水中，得到 1%水溶液。

① 亚甲基蓝-氯仿试验（鉴定阴离子型表面活性剂）

亚甲基蓝试剂的配制：将 12g 硫酸缓慢地注入约 50mL 水中，冷却后加亚甲基蓝 0.03g 和无水硫酸钠 50g，溶解后加水稀释至 1L。

试验：取亚甲基蓝试剂 1mL，氯仿 1~2mL 于试管中，摇动，静置分层，此时下层氯仿层应为无色。加入试样溶液数滴，摇动，静置，分层，若下层（氯仿层）显蓝色则为阳性。试样加入越多，下层蓝色越深。

注意：有非离子型表面活性剂存在时，或试样加得过多时，会使体系乳化，增加分层所需的时间。

158

② （酸性）溴酚蓝试验——（鉴定阳离子型表面活性剂）

溴酚蓝试剂配制：取 925mL 0.2mol/L HAc 溶液与 75mL 0.2mol/L NaAc 溶液混合，然后加入 0.1%溴酚蓝的 95%乙醇溶液 20mL，调节 pH 值到 3.6~3.9 范围内。

试验：将试样溶液调整至 pH=7 左右，将 2~3 滴试样加入到 2mL 溴酚蓝试剂中（于试管中）。如存在阳离子型表面活性剂，则溶液呈深蓝色。

③ 硫氰酸钴铵试验——鉴定聚氧乙烯非离子型表面活性剂

试剂：将 174g 硫氰酸铵与 28g 硝酸钴共溶于 1L 水中。

试验：在 1mL 试剂中加入 1mL 试样溶液，振荡，静置。若溶液呈红紫色或紫色为阴性，若溶液呈蓝色为阳性。若生成蓝紫色沉淀而溶液为红紫色则表示有阳离子型表面活性剂存在。

④ 两性型表面活性剂的鉴定

取上述 1%试样溶液 5mL 于 50mL 圆底烧瓶中，加入浓盐酸 5mL，回流反应 5h，冷却后中和至 pH=6~7。

对上述处理过的试样溶液，可进行酸性溴酚蓝试验（检验阳离子性）和碱性亚甲基蓝试验（检验阴离子性）。若两者都为阳性，则表示有两性型表面活性剂存在。也可单做亚甲基蓝试验。方法是先不加碱，此时氯仿相应无色（阳离子性）；当用 NaOH 溶液滴至碱性，氯仿相即出现蓝色（显阴离子性）。

注：上述方法的前提是阴离子型表面活性剂水解要完全。

4．无机盐阴离子类型鉴定

（1）硅酸盐的鉴定

试剂：饱和氯化铵溶液、稀硝酸、稀氨水。

操作：取试样溶液，加稀硝酸至微酸性，加热除去 CO_2，冷却后加稀氨水使溶液变为碱性，加饱和氯化铵溶液并加热，若有白色凝胶出现，表明含有硅酸盐。

（2）碳酸盐和硫酸盐的鉴定

试剂：5% $BaCl_2$ 溶液。

操作：①取试样溶液，加入 $BaCl_2$ 溶液，观察是否有白色沉淀；②若出现白色沉淀，滴入过量稀盐酸，观察是否有起泡；③若起泡则表明试样含有碳酸盐；④进一步观察白色沉淀是否完全消失，若未消失表明含有硫酸盐。

（3）磷酸盐的鉴定

试剂：2.5g 钼酸铵溶于 50mL 水中。

操作：取 1mL 试液加 3mL 浓 HNO_3，煮沸 1min，冷却，加入等体积的钼酸铵试剂，然后在 50℃保温 10~15min，若出现黄色沉淀则表明有磷酸盐。

5．乙醇可溶物红外光谱定性分析

将"3．系统分析"步骤（2）所得到的乙醇可溶物与少量乙醇调成浆状，在盐片上涂成薄膜。随后在 105℃干燥 5min，使用傅里叶红外光谱仪测定红外吸收光谱，根据官能团结构，定性分析表面活性剂的类型。

6．洗衣粉组分定量分析

根据定性分析结果，对已定性的组分，参考第七章"常用测定评价方法"，进一步进行定量测定。

四、实验结果和讨论

（1）感官分析结果

将相关实验结果填入表 1 中。

表 1　感官分析结果表

项目	结果	判断/推测
目测		
嗅觉		
手感		
pH		
溶解力		

（2）系统分析结果

将相关实验结果填入表 2 中。

表 2　系统分析结果表

项目	结果	判断/推测
总固体		
水+挥发物		
乙醇可溶物		
乙醇不可溶物		
CMC		
碳酸盐		
沸石		
硅酸盐		
磷酸盐		
硫酸盐		
非离子型表面活性剂		
阴离子型表面活性剂		
两性型表面活性剂		

五、实验注意事项

（1）实验步骤为参考步骤，根据样品的不同，分析顺序和方法应根据实际样品来确定。

（2）所有操作都应小心谨慎，避免出现人为误差。

（3）在实验操作中注意安全。

六、思考题

（1）试设计一个洗衣粉剖析的新流程？

（2）对于有机组分表面活性剂，还有哪些鉴定类别的方法？

（3）表面活性剂成分是否可以先鉴定后分离？

（4）无机组分的定性方法还有哪些？

一、实验目的

（1）了解洗衣液的配制原理，熟悉相关产品剖析的一般方法；

（2）掌握洗衣液主要成分的分离及其定性与定量检测方法。

二、实验原理

洗衣液是一种液态洗涤用品。与洗衣粉一样，洗衣液也是按照一定的配方，由多种成分组合而成的复合物。主要成分包括表面活性剂（常用阴离子型/非离子型表面活性剂复配）、硬水软化剂（柠檬酸钠、偏硅酸钠等）、pH调节剂（醇胺类化合物、氢氧化钠、氢氧化钾等）、助溶剂（乙醇、乙二醇、甘油等）、防腐剂、香味剂、溶剂（水）、增色剂等。由于洗衣液成分的复杂多样性，其成分分离及剖析相当复杂。常用的分离方法有离子交换、硅胶柱色谱、薄层色谱、液相色谱和气相色谱等，主要分析手段有红外、X射线衍射、核磁共振和质谱等。在基本分析和分离的基础上，再按照国家标准和国际标准等，对各组分进行定量测定。

图1是洗衣液样品剖析的一般流程。

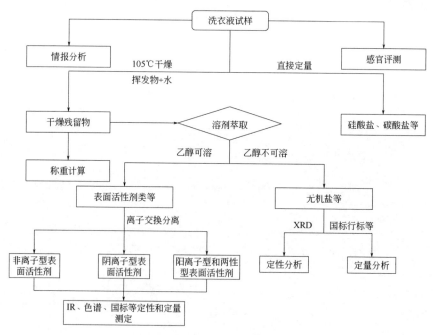

图1　洗衣液剖析流程

三、步骤与内容

1. 情报分析

参见第一章内容。

2. 感官判断

（1）目测（紫外灯照）：观察颜色、黏稠度、澄清度。

（2）嗅觉：评测产品是否加香，如果加香，评测产品的香型。

（3）手感：确认黏稠度。

（4）溶解和 pH：制备 1% 水溶液，观察分散性，测 pH。

3. 系统分析

（1）水分（总固体）含量　精确称取 8~10g 洗衣液样品（W_1）于预先称重的 400mL 烧杯（W_0）中，放入烘箱中于 105℃ 下烘至恒重，称重（W_2）。

$$总固体含量 = \frac{W_2 - W_0}{W_1} \times 100\% \tag{1}$$

$$水分（挥发物）含量 = 100\% - 总固体含量（\%） \tag{2}$$

（2）乙醇可溶物和乙醇不溶物的定量　在上述烘干后的样品（W_2）中，加入 80~100mL 无水乙醇，搅拌（可稍稍加热），静置，将上层清液倒入漏斗［用事先称重（W_3）的定量滤纸］过滤，再各加 50mL 无水乙醇重复操作两次。将滤液加入干燥的 250mL 圆底烧瓶（W_4）中，用乙醇回收装置回收乙醇，残留物于 105℃ 下干燥 1h，冷却，称重（W_5）。计算乙醇可溶物含量。

$$乙醇可溶物含量 = \frac{W_5 - W_4}{W_2 - W_0} \times 100\% \tag{3}$$

将滤纸滤渣与烧杯于 105℃ 下干燥 1h，称重（W_6），计算乙醇不溶物含量。

$$乙醇不溶物含量 = \frac{W_6 - W_0 - W_3}{W_2 - W_0} \times 100\% \tag{4}$$

（3）离子交换法分离表面活性剂试验　离子交换树脂可以看作是具有高分子骨架的有机酸或有机碱。其作用机理为：当溶液中存在离子型化合物时，树脂上的离子与溶液中的某一种或几种离子将进行交换，表现为溶液中的离子被吸附。

实验步骤：

① 取阴、阳离子交换树脂各约 30mL，分别装入两根预先填入脱脂棉球的酸式滴定管。

注意：装柱过程中要始终保持液面在树脂床层的上方，以免空气进入树脂床层！

② 换型：用 0.5mol/L HCl 水溶液 180~200mL 流洗阳离子柱（控制流速 40~50 滴/min，不能太快），然后用去离子水流洗（流速可稍快）至 pH 近中性，同时，用 0.5mol/L NaOH 水溶液 180~200mL 流洗阴离子柱，然后用去离子水流洗至 pH 中性。

③ 将两柱串联，阳离子柱在上，依次用 20mL 20/80（体积比）乙醇/水溶液、20mL 50/50 乙醇/水溶液和 60mL 95%乙醇流洗，以驱替柱中的水。

④ 将乙醇可溶物试样用乙醇定容至 250mL，用移液管移取 100mL，调至 pH=4~5（只需加 1~2 滴稀 HCl 水溶液），使其中的两性型表面活性剂呈阳离子性，进行交换，加完后，再加入 80~100mL 95%乙醇。流速 40~50 滴/min，收集流出液，然后烘干、称重。

⑤ 将两柱分开，用 150~200mL 0.5mol/L 的 H_2SO_4 乙醇溶液洗脱阳离子柱，用 NaOH 的 95%乙醇溶液洗脱阴离子柱，流速 40~50 滴/min，收集流出液（称之为阳离子柱洗脱液和阴离子柱洗脱液），分别用固体 NaOH 或浓硫酸中和两种洗脱液至中性。过滤除去生成的无机盐。滤液分别回收乙醇，浓缩物烘干后（要完全干燥，但不能烘焦），再次用 25mL 无水乙醇萃取其中的表面活性剂，将萃取液过滤，取滤液浓缩、烘干后分别称重。

（4）红外光谱定性分析

① 离子交换流出物（非离子型表面活性剂）

② 阳离子树脂洗脱物（两性型表面活性剂）

③ 阴离子树脂洗脱物（阴离子型表面活性剂）

注：红外光谱上 $1613cm^{-1}$ 和 $1389cm^{-1}$ 的谱带为羧酸盐。（相应的酸吸收带在 $1740cm^{-1}$ 和 $1200cm^{-1}$，而无前面的吸收带），操作方法见附录二。

（5）不可溶物组分鉴定 用 X 射线衍射光谱仪进行定性分析，操作方法见附录二。依据定性实验判断不溶物成分和类型，再按常用无机盐测定法定量测定。

四、实验结果和讨论

（1）感官分析结果 将感官分析结果填入表 1。

（2）系统分析结果 将有关分析结果填入表 2 中。

表 1 感官分析结果表

项 目	结 果	判断/推测
目测		
嗅觉		
pH		
溶解力		

表 2　系统分析结果表

项　　目	结　　果	判断/推测
总固体		
水+挥发物		
乙醇可溶物		
乙醇不可溶物		
非离子型表面活性剂		
两性型表面活性剂		
阴离子型表面活性剂		
无机盐		

五、实验注意事项

（1）实验步骤为参考步骤，实际过程中应根据样品的不同，确定具体的分析顺序和方法。

（2）所有操作都应小心谨慎，避免出现人为误差。

（3）在实验操作中注意安全。

六、思考题

（1）有机组分中，表面活性剂类别的鉴定还有哪些方法？

（2）乙醇可溶物中，除了表面活性剂还可能有哪些组分？是否有更好的分离办法？

（3）假如洗衣液配方中含有尿素，如何分离以及如何进行定性与定量分析？

实验二十六　洗发香波剖析实验

一、实验目的

（1）了解洗发香波的配方原理，熟悉洗发香波剖析的一般方法；

（2）掌握洗发香波主要成分的分离与定量分析方法。

二、实验原理

洗发香波是最常用的日用化学品之一，用于头发的洗涤和护理。洗发香波主要由表面活性剂和一些添加剂所组成，包括主表面活性剂、辅助表面活性剂、头发调理剂、黏度调节剂、防腐剂和香精等。此外，根据香波的特点，还可以加入一些添加剂如去头屑剂、珠光剂、固色剂、螯合剂、营养剂、染料等。现代洗发香波已经突破了单纯的洗发功能，成为集洗发、护发、洁发、美发等多功能于一体的化妆型产品。

根据 2010 年实施的强制性国家标准《消费品使用说明　化妆品通用标签》（GB 5296.3—2008），洗发香波必须全成分标注。因此剖析洗发香波时可以根据成分表制定和选择分离程序和定量分析方法。

三、步骤与内容

根据样品的成分表，参考实验二十四与实验二十五，制订分离和分析测定实验方案。

四、实验结果和讨论

（1）感官分析结果（表 1）

表 1　感官分析结果表

项　　目	结　　果	判断/推测
目测		
嗅觉		
pH		
溶解力		

（2）系统分析结果（表2）

表2 系统分析结果表

项　目	结　果	判断/推测
总固体		
水+挥发物		
乙醇可溶物		
乙醇不可溶物		
……		
……		

五、实验注意事项

（1）检查洗发水全成分标注的合规性，如果不合规，则应考虑成分标注不准确。

（2）所有操作都应小心谨慎，避免出现人为误差。

（3）在实验操作中注意安全。

六、思考题

（1）洗发香波成分标注的规则是什么？

（2）洗发香波中的营养组分对表面活性剂的分离和分析可能有哪些影响？

（3）氨基酸型表面活性剂如何定量？

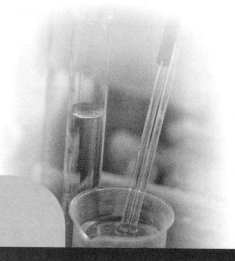

第七章

常用测定评价方法

1．酸值定义

中和 1g 样品所消耗的 KOH 的质量数（以毫克计）数称为酸值。一个样品的酸值大小，反映了样品中含有的酸的多少。常见日化产品中所含的酸一般为脂肪酸。

2．操作步骤

精确称取待测样品 1.0g 左右（酯类 5~10g）于 250mL 锥形瓶中，加 25mL 中性乙醇，混合摇匀，加入 5 滴酚酞指示剂，用 0.5mol/L（或 0.1mol/L）的标准 KOH 溶液滴定至溶液显粉红色。

3．结果计算

$$酸值 = \frac{V \times c \times 56.11}{m} \quad (\text{mg KOH/g}) \tag{1}$$

式中　V——滴定消耗的 KOH 标准溶液的体积，mL；

　　　c——KOH 标准溶液的浓度，mol/L；

　　　m——样品质量，g；

　56.11——KOH 的摩尔质量，g/mol。

注：椰子油酸称取 1.0g 左右，用 0.5mol/L 的 KOH 滴定。椰子油酸甲酯称取 5~10g 左右，用 0.1mol/L 的 KOH 滴定。

169

二、皂化值的测定

1．皂化值定义

皂化 1g 样品所需消耗的 KOH 的毫克数称为皂化值，亦称皂化价。

2．操作步骤

精确称取待测样品 0.5~1.0g 左右于 250mL 锥形瓶中，移取 25mL 浓度为 0.5mol/L 的 KOH 乙醇液，混合摇匀，接上回流冷凝管，于沸水浴中回流 30min，稍冷后用适量无水乙醇冲洗回流管，用 0.5mol/L 的标准 HCl 溶液滴定，以酚酞作指示剂，终点为溶液由红色变成无色。

同时做一空白试验。

3．结果计算

$$皂化值 = \frac{(V_2 - V_1) \times c \times 56.11}{m} \quad (\text{mg KOH/g}) \tag{2}$$

式中　V_2——空白试验消耗的 HCl 标准溶液的体积，mL；

　　　V_1——样品试验消耗的 HCl 标准溶液的体积，mL；

　　　c——HCl 标准溶液的浓度，mol/L；

　　　m——样品质量，g；

　　56.11——KOH 的摩尔质量，g/mol。

注：本处所用乙醇为无醛酮乙醇。

三、碘值的测定

1．碘值定义

100g 样品所能吸收（加成）碘的克数称为碘值（IV），是表示有机化合物不饱和程度的一种指标。

2．操作步骤

精确称取（称准至 0.0001g）样品（20/IV）g（IV 为估计的碘值）左右于 250mL 碘量瓶中，加入氯仿 15mL。待样品完全溶解后，移取 25mL 0.2mol/L 氯化碘冰醋酸溶液，充分混合摇匀后置于 25℃ 左右的暗处 30min。将碘量瓶取出，加入 15% 碘化钾溶液 20mL，再加水 100mL，用 0.1mol/L 的标准硫代硫酸钠滴定，边摇边滴定至溶液呈淡黄色，加入 1% 的淀粉指示剂 1mL，再继续滴至溶液呈蓝色消失。同时在相同条件下做空白试验。

3．结果计算

$$IV = \frac{(V_2 - V_1) \times c \times 126.9}{m \times 1000} \times 100 \quad (\text{g 碘}/100\text{g}) \tag{3}$$

式中　IV——碘值，g 碘/100g 样品；

　　　V_2——空白试验消耗的硫代硫酸钠标准溶液的体积，mL；

　　　V_1——样品实验消耗的硫代硫酸钠标准溶液的体积，mL；

　　　c——硫代硫酸钠标准溶液的浓度，mol/L；

　　　m——样品的质量，g；

　　126.9——碘原子的摩尔质量。

1．羟值定义

1g 样品中的羟基所相当的氢氧化钾的毫克数称为羟值（HV），单位为 mg KOH/g。

2．操作步骤

称取（561/HV）g 左右的样品（称准至 0.0001g）于 250mL 清洁、干燥的碘量瓶中，用移液管加入 25mL 邻苯二甲酸酐试剂（116g 邻苯二甲酸酐、16g 咪唑溶于 700mL 吡啶中，棕色瓶密封贮存，过夜备用），摇动。装上回流装置，在 115℃±2℃ 下回流 30min，回流过程中摇动碘量瓶 1~2 次，油浴的液面需浸过碘量瓶一半。回流结束后将锥形瓶移出油浴，冷却至室温，用 30mL 吡啶逐滴均匀冲洗冷凝管，取下锥形瓶，加入约 0.5mL 酚酞指示液，用 0.5mol/L 氢氧化钠标准滴定溶液，至溶液呈粉红色并保持 15s 不褪色为终点，同时作空白试验及测定样品酸值。要求空白与样品消耗的 0.5mol/L 氢氧化钠标准溶液的体积之差为 9~11mL，否则适当调整试样的质量，重新测定。

3．结果计算

$$HV = \frac{(V_0 - V_1) \times c \times 56.11}{m} + AV \quad （mg\ KOH/g） \tag{4}$$

式中　HV——羟值，mg KOH/g 样品；

V_0——空白试验消耗的氢氧化钠标准溶液的体积，mL；

V_1——样品试验消耗的氢氧化钠标准溶液的体积，mL；

c——氢氧化钠标准溶液的浓度，mol/L；

m——样品的质量，g；

56.11——氢氧化钾的摩尔质量，g/mol；

AV——样品的酸值，以每克试样消耗的氢氧化钾毫克数表示。

五、游离二乙醇胺的测定

1．原理和方法

二乙醇胺即 NH_3 中的两个氢原子被乙醇基所取代，分子式为 $HN(CH_2CH_2OH)_2$，是一种碱性物质。其定量测定采用酸滴定法。精确称取待测样品 1.0g 左右于 250mL 锥形瓶中，移取 50mL 乙醇，混合摇匀至样品完全溶解（可用温水浴加快溶解），加入溴酚蓝指示剂 8 滴，用 0.1mol/L 的标准 HCl 溶液滴定，终点为溶液呈绿色，同时做一空白试验。

2．计算方法

$$游离二乙醇胺含量 = \frac{(V_2 - V_1) \times c \times 105}{m \times 1000} \times 100\% \qquad (5)$$

式中　V_2——样品试验消耗的 HCl 标准溶液的体积，mL；

$\quad\quad V_1$——空白试验消耗的 HCl 标准溶液的体积，mL；

$\quad\quad c$——HCl 标准溶液的浓度，mol/L；

$\quad\quad m$——样品质量，g；

$\quad\quad$105——二乙醇胺的摩尔质量，g/mol。

注：本处所用乙醇为无醛酮乙醇。

六、游离碱的测定

1. 原理和方法

精确称取待测样品 25g 左右于 250mL 锥形瓶中，移取 100mL 中性乙醇（含酚酞指示剂）混合摇匀，水浴加热至样品完全溶解，另以 20~30mL 中性乙醇清洗瓶壁，以 0.1mol/L 盐酸乙醇标准液中和滴定。注意，滴定过程中应将锥形瓶置于水浴锅中保温，以使游离碱从结团的样品例如皂块中析出，直至红色消失即为终点。

2. 计算方法

$$游离碱含量（以NaOH计）= \frac{V \times c \times 40}{m \times 1000} \times 100\% \tag{6}$$

式中 V——滴定消耗的盐酸乙醇标准溶液的体积，mL；

　　　c——盐酸乙醇标准溶液的浓度，mol/L；

　　　m——样品质量，g；

　　　40——NaOH 的摩尔质量，g/mol。

1．原理和方法

本实验用于测定一些日化产品和原料中的游离脂肪酸。精确称取待测样品20g 左右于 250mL 烧瓶中，加入溶有 1g 碳酸氢钠的 100mL 50%乙醇溶液，加热溶解后移入 500mL 分液漏斗中，冷却至室温。加入石油醚 50mL，摇匀，静置分层。分离出上层石油醚层，置于一个 250mL 烧杯中，对下层液体再次用 50mL 石油醚抽提，共抽提 3 次。弃去下层皂液，合并三次石油醚抽提层，转移到分液漏斗中，用 50%乙醇洗涤，每次用量 50mL，洗至洗涤液用水稀释后酚酞不显红色为止。放净下层液体，将上层抽出液放入已知重量的锥形瓶中，水浴回收石油醚，最后加入 3 mL 丙酮，用洗耳球吹脱，至恒重。

2．计算方法

$$游离\,脂肪酸含量(含不皂化物) = \frac{抽出物重量}{样品重量} \times 100\% \qquad (7)$$

1．中和值的定义

中和 1g 样品所需消耗的 NaOH 的毫克数。该参数常用于磺化过程中控制磺化终点，测定磺化产品例如磺酸的中和值。其测定原理与一般中和反应相同。

2．操作步骤

精确称取待测样品 0.2~0.3g 左右，置于 150mL 锥形瓶中（瓶中先放置少量蒸馏水，以防样品沾壁），加入 50mL 蒸馏水，混合摇匀，加入酚酞指示剂，用 0.1mol/L 的标准 NaOH 溶液滴定至溶液显微红色。

3．结果计算

$$中和值 = \frac{V \times c \times 40}{m} \quad (\text{mg NaOH/g}) \tag{8}$$

式中　V——滴定消耗的 NaOH 标准溶液的体积，mL；

　　　c——NaOH 标准溶液的浓度，mol/L；

　　m——样品质量，g；

　　40——NaOH 的摩尔质量，g/mol。

对于初次实验者，为了防止滴定失败而需要进行重复试验，可以采用如下的操作步骤：

用 50 mL 小烧杯精确称取待测样品（磺酸、混酸或废酸）2~3g 左右，加入 50mL 去离子水溶解，然后转移到 500mL（或 250mL）容量瓶中，定容，摇匀。然后用移液管移取 50mL（或 25mL）溶液，放入 150mL 锥形瓶中，加入酚酞指示剂，用 0.1mol/L 的标准 NaOH 溶液滴定至溶液显微红色，按下式计算中和值：

$$中和值 = \frac{V \times c \times 40}{m \times \dfrac{50}{500}} \quad (\text{mg NaOH/g}) \tag{9}$$

式中各符号的意义与式（8）相同。

九、未磺化油的测定

1．测定原理
未磺化油不参与中和反应，可用石油醚将其萃取。

2．仪器
恒温水浴、磁力搅拌器、冷凝管、400mL 烧杯、250mL 具塞量筒、250mL 三角瓶、打气球等。

3．试剂
石油醚、丙酮、乙醇、14%NaOH 溶液、1%酚酞指示剂。

4．测定方法
在烧杯中准确称取磺酸样品 10g 左右（精确到 1mg），加入 30mL 水和 30mL 乙醇，放在磁力搅拌器上搅拌均匀，加入酚酞指示剂 3 滴，用 14%NaOH 溶液中和至溶液呈红色。将溶液转移到 250mL 具塞量筒中，分别用 50mL 水、20mL 乙醇和 50mL 石油醚洗涤烧杯，洗液全部移入具塞量筒中，塞紧塞子，上下剧烈振荡 1min，打开量筒盖子，以少量石油醚淋洗筒盖和筒壁，静置，待内容物明显分层后，用虹吸管将上层石油醚吸入一预先干燥的 250mL 三角瓶中（注意，在虹吸时将虹吸管端置于两层交界处偏上约 3~4mm，防止将下层水-乙醇溶液带出）。

重复上述萃取操作（每次加入 50mL 石油醚），萃取液并入上述三角瓶中。将三角瓶放在 60~70℃自控恒温水浴中，回收石油醚，待石油醚全部蒸出后，通入空气流（用洗耳球吹气），驱除残余石油醚，然后加入 2mL 丙酮，重复上述操作（用洗耳球吹气），驱赶丙酮。

用洁布揩拭三角瓶，置于干燥箱中至恒重（105℃，1h 左右）。

5．计算方法

$$未磺化油含量 = \frac{抽出油量}{样品量} \times 100\% \tag{10}$$

十、总固体含量和无机盐含量的测定

1. 总固体含量的测定

将样品搅拌均匀或摇匀，精确称取 1g 左右于已经称重的 50mL 烧杯中，摊成薄层，放入烘箱中（105℃，1h 左右）烘至恒重，冷却后称重，按下式计算总固体含量：

$$总固体含量 = \frac{A}{B} \times 100\% \qquad (11)$$

式中　A——烧杯增重，g；

B——样品重量，g。

2. 硫酸盐定量

测定原理：用正戊烷将样品中的有机物萃取后，加入氯化钡，使无机硫酸盐生成硫酸钡沉淀，过滤后定量所得硫酸盐（以硫酸钠计）质量。

称取适量样品（含 Na_2SO_4 约 0.1~0.3g），加入 50mL 水，搅拌至样品溶解。如有必要，可加热（不超过 50℃）促进溶解。将溶液转移到分液漏斗中，加入 15g 氯化钠，充分混合。用正戊烷为溶剂萃取有机物，每次用 30mL，连续萃取三次。将正戊烷萃取液用饱和食盐水洗涤，将洗液加入水层，然后在水层中加入数滴甲基橙溶液，用 1mol/L 盐酸调节到酸性后，再加过量的 1mol/L 盐酸 10~20mL，必要时进行过滤，加水至约 300mL 后，加热至近沸腾。然后滴加预热的 10% $BaCl_2$ 溶液，边滴加边搅拌混合。

在沸水浴上加热约 2h，然后放置 1h 以上，用滤纸过滤，用温水洗至无氯离子。

将滤纸干燥，然后移入坩埚，灼烧使其全部灰化，冷却后称量。根据下式计算硫酸钠含量：

$$硫酸钠含量 = \frac{m \times 0.609}{m_0} \times 100\% \qquad (12)$$

式中　m——残留物的质量，g；

m_0——样品的质量，g；

0.609——由硫酸钡量换算成硫酸钠量的转换系数。

3. 磷酸盐定量

测定原理：在水溶液中，磷酸和钼钒酸盐反应，生成黄色的配合物，通过测定溶液的吸光度即可求得磷酸盐含量。样品中一般含有的是各种磷酸盐，需要先经过硝酸水解，然后再与加入的钼钒酸盐反应，生成黄色的配合物，通过测定所

178

得黄色溶液的吸光度，求出 P_2O_5 的含量。

钼钒酸盐溶液的配制：将 1.12g 偏钒酸铵溶于 200mL 水中，加入 250mL 硝酸，边搅拌边加入少量的钼酸铵溶液（27g 钼酸铵溶于 100mL 水而配成），加完后，定容至 1L，贮于棕色瓶中（如发现有沉淀则弃之）。

磷酸盐标准溶液的配制：精确称取 19.174g 磷酸二氢钾（已在硫酸干燥器中干燥 24h 以上）溶于水中，定容至 1L，此为磷酸盐标准原液（1），P_2O_5 含量为 10mg/mL。吸取 3mL 原液（1）于 100mL 容量瓶中，加入 2mL 硝酸，再用水定容，此为磷酸盐标准溶液（2），P_2O_5 含量为 0.3mg/mL。

0.1mol/L 高锰酸酸钾溶液的配制：称取 0.33g 高锰酸钾于 200mL 烧杯中，加入 100mL 水，温和煮沸 1~2h，在暗处放置一夜，上清液经玻璃过滤器过滤，贮存于棕色瓶中，保存在暗处。

草酸溶液的配制：将 10g 草酸和 1g 硫酸锰在约 60℃下溶解在 60mL 水中，加入 20mL 硫酸（1:4），溶液呈透明，用水定容至 100mL。

标准曲线绘制：移取 0mL、1mL、2mL、3mL 及 5mL 磷酸盐标准溶液，分别置于 100mL 容量瓶中，各加入 50mL 水和 20mL 钼钒酸盐溶液，定容至 100mL 后，放置约 30min，用 10mm 比色槽，在 400 nm 波长处以空白试液为参比测定其吸光度，绘制出标准曲线。

试样溶液的配制：向乙醇不溶物（测定乙醇可溶物时玻璃过滤器上的残留物）中徐徐加入约 150mL 热水，将水溶物溶出，用水稀释至 200mL。取出适量的稀释液（含 P_2O_5 30~150mg），加入 10mL 硝酸（试剂级浓硝酸）及 100mL 水，小心地煮沸约 15min 使其分解。冷却后，用水将此溶液稀释至 200mL，过滤作为试验溶液。根据有无过氧化物，用下列两种方法中的一种进行测定。

（1）样品中不含过氧化物　在 2mL 试液中加入 20mL 钼钒酸盐溶液及水，定容至 100mL 后，放置约 30min，用 10mm 比色槽，在 400nm 波长处测定其吸光度。根据预先获得的磷酸盐标准溶液的标准曲线，求出 P_2O_5 量（单位为 mg），用下式计算 P_2O_5 的含量。

$$P_2O_5\text{的含量} = \frac{A \times \dfrac{200}{B} \times \dfrac{200}{2}}{1000 \times m} \times 100\% \tag{13}$$

式中　A——由标准曲线求得的 P_2O_5 的质量，mg；

　　　B——乙醇不溶物的水溶液的取样量，mL；

　　　m——测定试样乙醇可溶物时的样品质量，g。

（2）样品中含过氧化物　预先用高锰酸钾溶液除去过氧化物后，再进行反应。即在 2mL 试验溶液中，加入 1mL 硫酸（1:4），然后用高锰酸钾溶液滴定，摇匀混合，继续滴加至粉红色保持 1min 以上。接着边摇动边加入草酸溶液，使试样呈无色。在此溶液中加入钼钒酸盐溶液及水，定容至 100mL。按照上面（1）样品中不含过氧化物的操作计算 P_2O_5 的含量。

4．硅酸盐定量

测定原理是，在弱酸存在下，硅酸盐和钼酸铵反应，生成黄色硅钼酸盐配合物，再通过测定硅钼酸络盐的吸光度求出 SiO_2 的含量。

试液配制：称取 1g 样品于不锈钢烧杯中，加入约 800mL 热水，盖上表面皿，在沸腾水浴上加热，不时地进行搅拌。冷却至室温后，加水定容至 1L，充分振荡后，作为试验溶液，该试液在 15min 内使用。

根据有无过氧化物，用下列两种方法中的一种进行测定。

（1）样品中不含过氧化物　在适量的样品溶液中（含 SiO_2 0.3~0.8mg），加水使之约为 50mL，加入 1mL 硫酸（1∶4）及 5mL 钼酸铵溶液，充分振荡混合，放置 3min 后，加入 5mL 柠檬酸，加水定容至 100mL。再次摇动混合后，用 10mm 比色槽，以空白试液作为对照，在 420nm 波长处测定其吸光度。根据预先获得的硅酸盐标准溶液的吸光度标准曲线，求出 SiO_2 的质量（单位为 mg），用下式计算 SiO_2 的含量。

$$SiO_2含量 = \frac{A}{1000 \times m} \times 100\% \qquad (14)$$

式中　A——由标准曲线求出的 SiO_2 的质量，mg；

　　　m——测定所用试样质量，g。

（2）样品中含过氧化物　取适量样品（含 SiO_2 0.3~0.8mg）溶液，加入 1mL 硫酸（1∶4），然后滴加高锰酸钾溶液，振荡混合，滴加至保持红色在 1min 以上。再边摇动边滴加草酸，至溶液由红色呈无色。加入 5mL 钼酸铵溶液，充分振动混合，按照上面（1）样品中不含过氧化物的操作计算 SiO_2 的含量。

注：相关试液浓度与磷酸盐定量法中相同。

5．4A 沸石定量

精确称取适量试样（含沸石约 10mg），加水 50mL，浓硝酸 5mL，煮沸 15min。冷却后滴加 20% NaOH 溶液，调节试样溶液 pH=2.0~2.5。再加入 1 mol/L 醋酸钠溶液调节 pH=3.0~3.5。

加入 0.01mol/L EDTA 溶液 10mL，煮沸 10min。冷却后加入 1mol/L 醋酸铵溶液（pH=5~6）20mL 作为缓冲液。加水至总量达 150mL，加二甲酚橙指示剂 4~5 滴，用 0.01mol/L 醋酸锌溶液滴定，以黄色变为红色为终点。同时作空白试验。

$$沸石含量 = \frac{(V_1 - V_2) \times c \times 26.98 \times 6.767}{1000 \times m} \times 100\% \qquad (15)$$

式中　V_1——空白试验消耗的醋酸锌标准溶液的体积，mL；

　　　V_2——样品逆向滴定消耗的醋酸锌标准溶液的体积，mL；

　　　c——醋酸锌标准溶液的浓度，mol/L；

　　　m——称取试样的质量，g；

26.98——铝的摩尔质量，g/mol；

6.767——铝换算成沸石的系数。

6. EDTA·2Na·2H₂O 定量

精确称取适量试样（含 EDTA·2Na·2H₂O 约 0.003~0.005g），加水 50mL，用稀盐酸调节试样溶液 pH=4.0~5.0，加入数滴 PAN 乙醇溶液 [0.1g 1-(2-吡啶重氮)-2-萘酚溶于 100mL 乙醇中]，用 0.01mol/L 硫酸铜标准溶液滴定至颜色由黄色变为红色。

$$EDTA \cdot 2Na \cdot 2H_2O含量 = \frac{V \times c \times 372.26}{1000 \times m} \times 100\% \tag{16}$$

式中　V——滴定试样消耗的硫酸铜标准溶液的体积，mL；

　　　c——硫酸铜标准溶液的浓度，mol/L；

　　　m——称取试样的质量，g；

372.26——EDTA·2Na·2H₂O 的摩尔质量，g/mol。

7. 碳酸盐定量

（1）电位滴定法　测定原理：盐酸与 Na₂CO₃ 溶液反应时，有 2 次等当点出现。第一次是生成 NaHCO₃ 时（$H^+ + CO_3^{2-} = HCO_3^-$），第二次是生成 CO₂ 时（$H^+ + HCO_3^- = CO_2 + H_2O$）。相应地，在 2 个等当点处会发生电位突跃。用两次电位突跃时消耗的盐酸溶液的体积差可以求得 Na₂CO₃ 质量分数。

具体测试方法：称取样品 5g（精确到 0.001g）于 150mL 烧杯中，用煮沸去离子水充分溶解样品并定量转移至 1000mL 容量瓶中，定容，摇匀，立即用 10mL移液管移取 10mL 溶液放到磁力搅拌子的 50mL 烧杯中，再加入 15mL 水，放入电极，启动搅拌，在自动电位滴定仪上用 0.1mol/L 的盐酸标准溶液滴定。计算公式为：

$$Na_2CO_3质量分数 = \frac{(V_2 - V_1) \times c \times 106}{1000 \times m} \times 100\% \tag{17}$$

式中　V_1——第一次电位突跃时消耗的盐酸溶液的体积，mL；

　　　V_2——第二次电位突跃时消耗的盐酸溶液的体积，mL；

　　　c——盐酸标准溶液的摩尔浓度，mol/L；

106——Na₂CO₃ 的摩尔质量，g/mol；

　　　m——称取样品质量，g。

（2）酸碱滴定法　测定原理：基于酸碱中和反应，用标准酸溶液滴定试样溶液，至酚酞终点后继续滴定至甲基橙终点，然后加热驱除二氧化碳，再用标准碱回滴同一溶液至酚酞终点。

滴定至酚酞终点的反应式：$Na_2CO_3+HCl \rightleftharpoons NaHCO_3+NaCl$

滴定至甲基橙终点的反应式：$NaHCO_3+HCl \rightleftharpoons NaCl+H_2O+CO_2\uparrow$

最后，当溶液中的二氧化碳被赶出后，两终点之间尚残存的任何酸度将是由于碳酸盐以外的碱性盐酸根所致。滴定非活性碱与中和这些酸所耗的碱之差，可以计算出被驱出的二氧化碳量。

称取 1g 试样于 250mL 锥形瓶中，加入 100mL 水溶解，加入 3 滴酚酞指示剂，此时试液呈红色，用 0.1mol/L 盐酸标准溶液滴定至红色消失。再向瓶中加入 3 滴甲基橙指示剂，此时试液呈淡黄色，继续用 0.1mol/L 盐酸标准溶液滴定至淡橘红色。

将烧瓶置于电热板上煮沸 10min 以上，除尽溶解的二氧化碳，用 0.1mol/L 氢氧化钠标准溶液滴定至淡红色。计算公式为：

$$Na_2CO_3 质量分数 = \frac{[(V_2-V_1) \times c_1 - V_3 \times c_2] \times 106}{1000 \times m} \times 100\% \qquad (18)$$

式中　V_1——滴定至酚酞指示剂终点时消耗的盐酸标准溶液的体积，mL；

　　　V_2——滴定至甲基橙指示剂终点时消耗的盐酸盐酸标准溶液的体积，mL；

　　　V_3——回滴至酚酞指示剂终点时消耗的氢氧化钠标准溶液的体积，mL；

　　　c_1——盐酸标准溶液的浓度，mol/L；

　　　c_2——氢氧化钠标准溶液的浓度，mol/L；

　　　106——Na_2CO_3 的摩尔质量，g/mol；

　　　m——称取样品质量，g。

十一、阴离子活性物的测定（1）——亚甲基蓝指示剂两相滴定法

1．反应原理

亚甲基蓝与阴离子型表面活性剂首先发生反应，生成简单盐，该盐完全被氯仿提取，使氯仿层（下层）显蓝色。滴定过程中加入阳离子表面活性剂，其也与阴离子表面活性剂成盐，该盐也被氯仿层提取，但该盐无色。当水相中的阴离子与加入的阳离子全部成盐后，再滴加阳离子时，它们就会取代亚甲基蓝与阴离子生成盐，从而释放出亚甲基蓝进入水层（上层），于是水层出现蓝色，而氯仿层的颜色减弱，至两层颜色相同时作为终点。

$$R-\text{benzene}-SO_3Na + \text{亚甲基蓝(methylene blue)} \longrightarrow \text{product} \qquad (19)$$

2．仪器

酸式滴定管（25mL 或 50mL）、具塞量筒（100mL）、容量瓶（500mL 或 250mL）、移液管（25mL）。

3．试剂

① 阳离子型表面活性剂：十二烷基二甲基苄基溴化铵（又称新洁尔美），称取 2.7g 100%的新洁尔美溶于 2000mL 水中。

② 亚甲基蓝指示剂：称取 0.1g 亚甲基蓝溶于 50mL 水中，稀释至 100mL，吸取 30mL 于 1000mL 容量瓶中，加入 6.8mL 浓硫酸，50g 无水硫酸钠，溶解后用水稀释到刻度。

③ 氯仿。

4．阳离子型表面活性剂的标定

精确称取已知活性物含量的阴离子型表面活性剂［通常采用高纯度（>99%）的十二烷基硫酸钠（SDS）］1g 于烧杯中，加热溶解，移入 500mL 容量瓶中定容。

量取 15mL 水，25mL 亚甲基蓝指示剂，15mL 氯仿至具塞量筒中，再移入 25mL 试样溶液，塞紧摇匀，以阳离子标准溶液滴定，每滴 1~2mL 后振摇，静置分层，

183

观察下层蓝色强度的变化，至蓝色上移至水相时，每滴 1~3 滴后振摇，静置分层，观察上、下层蓝色深浅是否一致，至上下层颜色一致时即为终点。按下式计算阳离子溶液的浓度：

$$阳离子浓度 = \frac{P \times W \times 1000 \times \dfrac{25}{500}}{VM \times 100} \quad (\text{mol/L}) \qquad (20)$$

式中　P——阴离子型表面活性剂活性物的含量，%；

　　　W——阴离子型表面活性剂样品的质量，g；

　　　V——滴定消耗的阳离子标准溶液的体积，mL；

　　　M——阴离子型表面活性剂的分子量，g/mol。

5. 实验步骤

精确称取试样 1g 于烧杯中，加热溶解，移入 500mL 容量瓶中稀释至刻度。

量取 15mL 水，25mL 亚甲基蓝指示剂，15mL 氯仿至具塞量筒中，再移入 25mL 试样溶液，塞紧摇匀，以阳离子标准液滴定，每滴 1~2mL 后振摇，静置分层，观察下层蓝色强度的变化，至蓝色上移至水相时，每滴 1~3 滴后振摇，静置分层，观察上、下层蓝色深浅是否一致，至上下层颜色一致时即为终点。按下式计算阴离子活性物含量：

$$阴离子活性物含量 = \frac{VNM}{W \times 1000 \times \dfrac{25}{500}} \times 100\% \qquad (21)$$

式中　N——阳离子标准溶液的浓度，mol/L；

　　　V——滴定消耗的阳离子标准溶液的体积，mL；

　　　M——阴离子型表面活性剂的平均分子量，g/mol；

　　　W——试样质量，g。

注：两次平行滴定结果误差不应超过 0.3%。

6. 注意事项

（1）试样可取用不同品牌的洗衣粉如立白、汰渍、白猫、奥妙等，其称重可有所不同，如超浓缩粉取量可适当少些，避免滴定时消耗大量的阳离子表面活性剂。

（2）每个样品至少滴定 2 次，取平均值。

（3）样品用量要控制好，防止总体积超出量筒的体积。如果超过，重新减量滴定。

（4）试样溶液务必要用移液管移取，其它则可以用具塞量筒或其它量筒量取。

十二、阴离子活性物的测定（2）——混合指示剂两相滴定法

本方法参照国家标准 GB 5173—1985，规定了洗涤剂中阴离子活性物的定量测定方法。本方法适用的阴离子型表面活性剂包括：烷基苯磺酸盐、烷基磺酸盐、烷基硫酸盐、羟烷基硫酸盐、脂肪醇聚乙烯醚硫酸盐、烷基酚聚乙烯醚硫酸盐以及二烷基琥珀酸酯磺酸盐等，其中每个分子包含一个亲水基。

若含量以质量分数表示，则阴离子活性物的摩尔质量必须已知，或预先测定。

洗涤剂中常见的有机或无机组分，如非离子型表面活性剂、肥皂、尿素、乙二胺四乙酸盐、羧甲基纤维素、氯化钠、硫酸钠、硼酸钠、三聚磷酸钠、过硼酸钠和硅酸钠等不干扰分析。如果含有漂白剂（非过硼酸钠），则应在分析前去除或破坏掉。

洗衣粉中可能含有低摩尔质量的磺酸盐，如甲苯磺酸盐和二甲苯磺酸盐，当其含量不超过洗涤剂中阴离子活性物含量的 15% 时，不干扰分析结果，而超过 15% 时则应考虑其影响。

1．测定原理

本实验中采用了阳离子型表面活性物质氯化苄苏鎓［benzethonium chloride，又称海明（hyamine）-1622］作为滴定剂，以酸性混合染料作指示剂，即阳离子染料溴化底米鎓（溴甲菲啶）和阴离子染料酸性蓝-1，在水相（强酸性）和三氯甲烷（氯仿）两相介质中进行滴定。

滴定开始时，阴离子活性物与阳离子染料生成盐，该盐溶于氯仿，使氯仿层呈红-粉红色。滴定过程中，海明与水层中的阴离子活性物生成盐，该盐为无色，溶于氯仿层，因此氯仿层仍呈红-粉红色。

滴定终点前，水溶液中所有的阴离子活性物都已与海明反应完，继续加入海明，它们开始取代氯仿层中阴离子活性物-阳离子染料盐中的阳离子染料，致使氯仿层中的红-粉红色渐渐退去。而稍过量的海明将与阴离子染料生成盐，该盐溶解于氯仿层中，呈蓝色。以氯仿层中红-粉红色渐渐退去，转变为蓝灰色时为滴定终点。

2．试剂

（1）三氯甲烷。

（2）硫酸溶液，浓度为 2.5mol/L。将 134mL 浓硫酸小心加入到 300mL 水中，再稀释至 1000mL。

（3）硫酸溶液，浓度为 0.5mol/L。

（4）氢氧化钠标准溶液，浓度为 1.0mol/L。

（5）十二烷基硫酸钠（SDS）标准溶液，浓度为 0.004mol/L。

3. 仪器

（1）具塞玻璃量筒，100mL。

（2）滴定管，25mL、50mL。

（3）容量瓶，250mL、500mL、1000mL。

4. 实验步骤

（1）SDS 纯度的测定　由于滴定用海明试剂并非 100%纯度，因此首先要用基准物质标定其浓度。方法是采用阴离子型 SDS 为基准物质，首先采用另一种化学分析方法确定其纯度或含量。

称取 4.8~5.2g SDS（至少试剂级，称准至 1mg），放入 250mL 磨口圆底玻璃瓶中，准确加入 25mL 浓度为 0.5mol/L 硫酸溶液，装上冷凝管，加热至回流，使 SDS 分解。在最初的 5~10min 溶液将变稠并且起泡，这可用撤除热源和旋摇烧瓶中内容物的办法加以控制。再经 10min 左右，溶液清亮，泡沫消失，再回流 90min，冷却烧瓶，用 30mL 乙醇，接着再用水小心淋洗冷凝管。加入数滴酚酞指示液（10g/L），用氢氧化钠标准溶液（1.0mol/L）滴定。

另外用氢氧化钠标准溶液（1.0mol/L）滴定 25mL 硫酸溶液（0.5mol/L），进行空白试验。按下式计算 SDS 的纯度（P）：

$$P = \frac{(V_1 - V_0) \times c \times 288.4}{m_1 \times 1000} \times 100\%　\qquad （22）$$

式中　P——SDS 的纯度，%；

V_0——空白试验耗用的氢氧化钠标准溶液的体积，mL；

V_1——试样试验耗用的氢氧化钠标准溶液的体积，mL；

c——氢氧化钠标准溶液的实际浓度，mol/L；

m_1——SDS 的质量，g；

288.4——SDS 的摩尔质量，g/mol。

（2）SDS 标准溶液（浓度 c_a=0.004mol/L）的配制　称取 1.14~1.16g SDS（称准至 1mg），溶解于 200mL 水中，移入 1000mL 容量瓶内，用水稀释至刻度。溶液的摩尔浓度 c_{SDS} 为：

$$c_{SDS} = \frac{m_2 \times P}{288.4}　（mol/L） \qquad （23）$$

式中　m_2——SDS 的质量，g；

P——SDS 的纯度，%；

288.4——SDS 的摩尔质量，g/mol。

（3）海明-1622 阳离子标准溶液（c_H=0.004mol/L）的配制与标定　称取 1.75~1.85g 海明-1622（称准至 1mg），溶于水，移入 1000mL 容量瓶中，用水稀释至刻度。

用移液管吸取 25mL 阴离子型 SDS 标准溶液（c_{SDS}=0.004mol/L）至 100mL 具塞量筒中，加入 10mL 水，15mL 氯仿和 10mL 酸性混合指示剂溶液。用待标定的海明-1622 阳离子溶液（c_H=0.004mol/L）滴定。开始时，每次加入约 2mL 滴定液后，塞上塞子，充分振摇，静置分层，下层应呈粉红色，继续滴定并振摇。当接近滴定终点时，由于振摇而形成的乳状液较易破乳，分层加快，此时，逐滴加入海明溶液，充分振摇，观察氯仿层颜色的变化，当氯仿层粉红色逐渐退去并转变成淡蓝灰色时，即达终点。

按下式计算海明-1622 阳离子溶液的浓度 c_H：

$$c_H = \frac{c_{SDS} \times 25}{V_H} \quad (mol/L) \tag{24}$$

式中　c_{SDS}——SDS 标准溶液的浓度，mol/L；

V_H——滴定耗用的海明-1622 阳离子标准溶液的体积，mL。

（4）酸性混合指示剂溶液的配制

（a）混合指示剂原液（贮存液）的配置：用一个 50mL 烧杯称取 (0.5±0.005)g 溴化底米镓（称准至 0.001g），再用另一个 50mL 烧杯称取 (0.25±0.005)g 酸性蓝-1。在每只烧杯中分别加入 20~30mL 10%（体积分数）热乙醇，搅拌直到溶解。将两个溶液转移到同一个 25mL 的容量瓶中，用 10%（体积分数）热乙醇洗涤烧杯，洗液并入容量瓶中，并稀释至刻度，即得到混合指示剂原液。

（b）混合酸性指示剂溶液的配制：准确吸取 20mL 混合指示剂原液于 500mL 容量瓶中，加入 200mL 水，20mL 浓度为 2.5mol/L 的硫酸溶液，用水稀释至刻度，避光保存。

（5）阴离子型活性物的测定　精确称取试样 1~2g 于烧杯中，加热水溶解，移入 500mL 容量瓶中，洗涤烧杯数次，一并移入容量瓶中，定容至刻度。

用移液管吸取 25mL 试样溶液至 100mL 具塞量筒中，加入 10mL 水，15mL 氯仿和 10mL 混酸混合指示剂溶液，用海明-1622 阳离子标准溶液（c_H=0.004mol/L）滴定。开始时，每次加入约 2mL 滴定液后，塞上塞子，充分振摇，静置分层。下层应呈粉红色，继续滴定并振摇，当接近滴定终点时，振摇形成的乳状液较易破乳，分层加快，此后逐滴加入，充分振摇，观察氯仿层颜色的变化，当氯仿层的粉红色完全退去，变成淡蓝灰色时为终点。

按下式计算阴离子活性物的含量：

$$Y_A = \frac{V_H c_H}{m_A (25/500)} \quad (\text{mmol/g}) \tag{25}$$

$$X_A = \frac{V_H c_H M_A}{m_A \times 1000 \times (25/500)} \times 100\% \tag{26}$$

式中　Y_A——阴离子型表面活性剂的含量，mmol/g；

　　　X_A——阴离子型表面活性剂的含量，%；

　　　V_H——滴定试样消耗的海明-1622 阳离子标准溶液的体积，mL；

　　　c_H——海明-1622 阳离子标准溶液的浓度，mol/L；

　　　M_A——阴离子型表面活性剂的摩尔质量，g/mol；

　　　m_A——试样的质量，g。

5. 注意事项

（1）对同一样品，由同一分析者用同一仪器，相继测定两次，结果相差不应超过平均值的 1.5%。

（2）对同一样品，在两个不同的实验室中，所得结果相差不应超过平均值的 3%。

（3）使用这一方法测定阴离子活性物含量时，海明和阴离子的浓度以 4mmol/L 为最佳，实际浓度在 2~4mmol/L 范围内，都能获得很好的灵敏度。当浓度接近或低于 1mmol/L 时，接近终点时氯仿层颜色的变化不明显，终点判断困难，容易导致较大的误差。

十三、低浓度阴离子活性物的测定

在前面的阴离子型表面活性剂含量测定中，无论是采用亚甲基蓝指示剂法还是混合指示剂法，被测阴离子型表面活性剂的浓度一般要达到 2~4mmol/L，太低的话，颜色变化不灵敏，因而导致很大的测定误差。但在有些场合，需要测定低含量的阴离子表面活性剂的浓度，这时前述方法就基本失效了，需要采用灵敏度更高的方法。

1. 测定原理

微量阴离子型表面活性剂与亚甲基蓝发生配合，生成蓝色化合物而溶于有机溶剂，未反应的亚甲基蓝则仍溶于水中，于是根据有机溶剂中的蓝色强度即可获得阴离子型表面活性剂的含量。

2. 仪器

分液漏斗，250mL；容量瓶，100mL；721 型分光光度计等。

3. 试剂

（1）十二烷基苯磺酸钠（LAS）标准液：称取高纯度（接近 100%）烷基苯磺酸钠 1.0g，溶于 1000mL 水中，该溶液 1.0mL 含有 1.0mg 烷基苯磺酸钠。移取 10mL 该溶液，稀释到 1000mL，则 1.0mL 稀释溶液中含有 0.01mg 烷基苯磺酸钠，作为标准溶液。

（2）亚甲基蓝溶液：称取 0.1g 亚甲基蓝溶于 50mL 水中，稀释至 100mL，吸取 30mL 于 1000mL 容量瓶中，加入 8.8mL 浓硫酸，50g 磷酸二氢钠（$NaH_2PO_4 \cdot H_2O$），溶解后用水稀释到刻度。

（3）氯仿

（4）磷酸钠溶液：称取 50g 磷酸二氢钠（$NaH_2PO_4 \cdot H_2O$），加水溶解，加入 6.8mL 浓硫酸，用水定容到 1000mL。

（5）酚酞指示剂：取 0.5g 酚酞，溶于 50mL 95%乙醇中，用水定容到 100mL。

（6）氢氧化钠溶液：取 10g 氢氧化钠，用水溶解定容到 100mL。

（7）硫酸溶液：取 7mL 浓硫酸，并用水定容到 1000mL。

4. 实验步骤

取适量样品溶液于 250mL 的分液漏斗中。一般，若样品溶液中阴离子表面活性剂含量为 0.4~2.0mg/L 时，取 100mL，若含量为 2~10mg/L 时，取 20mL，将样品用水稀释至 100mL。测定溶液的 pH，用硫酸溶液和氢氧化钠溶液将样品调节到中性，然后加入 25mL 亚甲基蓝溶液，摇匀后，加入氯仿 20mL，振荡约 30s，静置分层，观察颜色变化，若水中蓝色褪尽，则再加入 10mL 亚甲基蓝溶液，振

189

荡、静置分层。将氯仿层放入第二个 250mL 分液漏斗内，注意勿将絮状物随同氯仿层带出。

重复以上操作两次，将氯仿层分别并入上次的萃取液中。

向合并的氯仿萃取液（共 60mL）中加入 50mL 磷酸钠溶液，振荡 30s，静置分层，将漏斗内下层氯仿萃取液通过洁净的脱脂棉过滤至 100mL 容量瓶中，再加入 10mL 氯仿于分液漏斗，振荡 30s，静置分层，将其放入容量瓶内（每次 10mL，共洗涤三次），最后用氯仿将容量瓶内溶液稀释至刻度（30min 内进行）。

采用 30mm 的比色皿，用 721 分光光度计，于 652nm 波长下测定上述氯仿溶液的光密度，以空白试样的光密度为零，或作为参比。将测得的光密度与标准曲线比较，得到相当于标准溶液中 LAS 的质量（mg）。

计算：

$$LAS的浓度 = \frac{W \times 1000}{S} \quad (mg/L) \tag{27}$$

式中　W——由标准曲线查出的 LAS 质量，mg；

　　　S——样品体积，mL。

附：标准曲线的绘制

向 250mL 的分液漏斗中，分别移入 0mL、1mL、3mL、5mL、7mL、9mL、12mL、15mL 的烷基苯磺酸钠（LAS）标准溶液，用水稀释至 100mL，然后按上述同样的处理步骤，处理每一个溶液。

用 30mm 的比色皿、721 分光光度计于 652nm 波长下分别测定每一样品的光密度（以空白样品的光密度为 0），以光密度为纵坐标，LAS 质量（mg）为横坐标作图。

（一）罗氏泡沫仪法（GB/T 13173—2008）

1．方法原理

发泡力是表面活性剂及其制品的一项重要指标。例如洗发香波、餐洗等产品要求具有很好的发泡力，但洗衣机用洗衣粉则要求低泡甚至无泡，以方便漂洗。

发泡力实际上包括发泡能力（foamability）和稳泡能力（foam stability），这两者并不成正比。有些表面活性剂具有很好的发泡能力，但稳泡能力差，有些则相反。在本实验中，发泡能力是以一定量溶液在指定条件下瞬间产生的泡沫高度来表示的，而稳泡能力则通过一定时间后泡沫高度的衰减来表示。

图 1 是罗氏泡沫仪示意图。先在 B 中放入 50mL 溶液，再用 A 装满 200mL 溶液，置于 B 的上端，从距离液面 900mm 处在 30s 内落下，冲击液面起泡。记下液体全部落完后的泡沫高度和 5min 后的泡沫高度，以前者表征发泡能力，后者表征稳泡能力。测定时 B 的夹套中通循环水，维持测定温度为(40±1)℃。

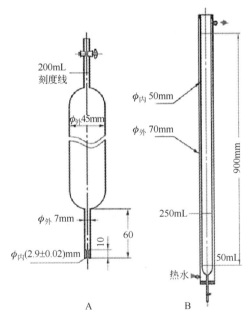

图 1　罗氏泡沫仪示意图

A—滴液管；B—刻度量管

2．仪器设备

（1）罗氏泡沫仪（包含支架、滴液管、刻度量管等），如图1所示。

（2）容量瓶，500mL。

（3）恒温水浴，带有循环水泵，可控制水温在(40±1)℃。

3．试剂

氯化钙（化学纯），$CaCl_2·2H_2O$；硫酸镁（化学纯），$MgSO_4·7H_2O$。

4．操作步骤

（1）150mg/kg硬水配制（可统一配制）　分别称取硫酸镁（$MgSO_4·7H_2O$）0.149g和氯化钙（$CaCl_2·2H_2O$）0.132g，加去离子水溶解后转移到1000mL容量瓶中，再加水至刻度，摇匀。注意，不可将硫酸镁和氯化钙混在一起溶解，否则容易形成沉淀。

（2）试液配制　用小烧杯称取样品3g，用150mg/kg硬水溶解，转移到1000mL容量瓶中，稀释到刻度，摇匀。

（3）测定泡沫高度

① 打开恒温水浴装置，达到预定温度后开启循环水泵，使泡沫测定装置夹套中的水温稳定在(40±1)℃。

② 用去离子水或蒸馏水冲洗刻度量管内壁，冲洗必须完全，然后用试液冲洗管壁，也应冲洗完全。

③ 关闭刻度量管下部的活塞，用50mL移液管移取50mL预先加热到40℃的试液，沿刻度量管内壁流下，静止5min后观察液面位置，适量增减，使试液面恰好处在50mL刻度处。

④ 将滴液管注满200mL试液，关闭活塞，将其安装到测量装置上端，使滴液管出口置于900mL刻度线上，处于刻度量管B的中心，并保证滴液管与刻度量管B的断面垂直。

⑤ 打开滴液管活塞，使试液沿刻度量管B的中心线流下，冲起泡沫，当试液流完时，立即开动秒表，记录泡沫高度，再记录5min后的泡沫高度。

重复以上试验2~3次，每次试验之间必须将管壁冲洗干净。

两次试验的平均值作为结果，误差应不超过5mm。

5．注意事项

（1）安装罗氏泡沫仪时必须保证其垂直。

（2）试液在放入滴液管前须预热到(40±1)℃。

（3）有些泡沫稳定性较差，数分钟后泡沫破裂，表面可能高低不平，此时应以峰、谷面的平均值作为高度读数。

（4）配制试液时应该尽量避免搅拌或振动，使之不形成泡沫。

（二）改进型罗氏泡沫仪法（GB/T 7462—1994）

1. 方法原理

基本原理与罗氏泡沫仪法相同。但一些参数有所不同。这里使 500mL 表面活性剂溶液从 450mm 高度流下，冲击相同溶液的液体表面产生泡沫。

2. 仪器设备

（1）改进型罗氏泡沫仪（含支架、自动恒温水浴），由分液漏斗、计量管、夹套量筒等部分组成，如图 2 所示。

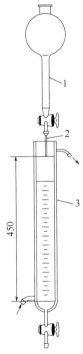

图 2　改进型罗氏泡沫仪示意图
1—分液漏斗；2—计量管；3—夹套保温量筒

其中，分液漏斗的容量为 1L，由一个球形泡与长 200mm 的管子相连，管的下端有一旋塞。以旋塞轴心线为基准，在其上端 150mm 处有一刻度线，供在试验中指示流出量的下限；而在其下端 40mm 处，将垂直管切断。

计量管为不锈钢材质，长 70mm，内径为 (1.9±0.02)mm，壁厚 0.3mm。管子的两端用精密车床垂直于管的轴线精确地切割。计量管上焊接了一个长度为 10~20mm 的钢或黄铜安装管，安装管的内径等于计量管的外径，而安装管的外径与分液漏斗的玻璃旋塞的底端管的外径相同。计量管上端和安装管上端应在同一平面上，用一小段厚橡皮管（真空橡皮管）连接安装管和玻璃旋塞底端管。

带夹套的量筒容量为 1.3L，刻度分度为 10mL。由壁厚均匀的耐化学腐蚀的玻璃管制成，管内径为 (65±1)mm，下端缩成半球形，并焊接一根直径为 12mm 的标准锥形旋塞，塞孔直径 6mm。量筒下端 50mL 处刻一环形标线，由此线往上，按分度 10mL 刻线，直至1300mL，容量准确度满足(1300±13)mL。距 50mL 标线以上450mm 处刻一环形标线，作为计量管下端位置标记。量筒外焊接外径约 90mm 的夹套管。

支架使分液漏斗和量筒固定在规定的相对位置，并保证分液漏斗流出液对准量筒中心。

（2）刻度量筒，500mL。

（3）容量瓶，1000mL。

（4）恒温水浴，带有循环水泵，可控制水温于(50±0.5)℃。

3．试剂

同罗氏泡沫仪法。

4．操作程序

硬水配制和试液配制同罗氏泡沫仪法。测定时，先打开恒温水浴装置，达到一定温度时开启循环水泵，使泡沫测定装置夹套中的水温稳定在(50±0.5)℃。

用蒸馏水冲洗夹套量筒-分液漏斗内壁，然后再用试液冲洗。

关闭夹套量筒下部的活塞，用 50mL 移液管移取 50mL 预先加热到 50℃的试液，沿夹套量筒内壁流下，静止 5min 后观察液面位置，适量增减，使试液面恰好处在 50mL 刻度处，务必不能形成泡沫。

第一次测量时，用一个小烧杯取出一些 50℃的试液，将计量管的下端浸入试液中，使用吸气装置从上端吸气，将液体吸入到计量管中，直至高度达到 150mm 处的刻度线。吸气过程中要避免旋塞处形成气泡。

将计量管-分液漏斗安装到保温量筒上，用 500mL 量筒或容量瓶量取 500mL 50℃试液，转移到分液漏斗，注意避免气泡产生。

打开计量管上端的旋塞，使试液流下，直到计量管-分液漏斗中的液面降至 150mm 刻度处（流下的液体为 500mL），分别在液流停止后的 0.5min、3min 和 5min，测量所产生的泡沫体积。如果泡沫的上端面处有低洼，应根据面积大小估算平均泡沫体积。同时每次使用秒表记录 500mL 液体流出所需要的时间。重复测量几次，分别记录泡沫体积和流出时间，计算流出时间的算术平均值，将那些流出时间与平均值相差大于 5%的实验数据剔除（留出时间增加表示计量管或旋塞中存在空气泡），对余下的实验数据（至少 3 组）进行处理，例如计算算术平均值，必要时可绘制相应的曲线，得到所需要的发泡力和泡沫稳定性参数。

194

5．注意事项

（1）罗氏泡沫仪安装时必须保持垂直。

（2）重复测定结果之间的泡沫体积误差应不超过 15mL。

（3）测量时所用的溶液具有一定的时效，一般应在配制后 30~120min 内使用。

（4）有些泡沫稳定性较差，数分钟后泡沫破裂，表面出现高低不平，此时体积（或高度）读数应该为峰、谷面的平均值。

（5）配制试液时应该尽量避免搅拌或振动，使之不形成泡沫。

去污力是洗涤剂的一种综合性能，反映了洗涤剂的质量。洗涤剂是一个多组分体系，每种成分都有各自的作用，其中以表面活性剂和助洗剂的作用尤为重要。对洗衣来说，表面活性剂在基质（衣物）表面和污垢表面的吸附是获得高去污力的基础，防止污垢再沉积也很重要，尤其在多循环洗涤中。

　　去污力的高低当然还与污垢的类型相关。不同的污垢与基质之间的作用力不同，去除的难易程度也不同，所需要的洗涤剂配方也不同。目前国内有三种典型的污布可供选择。

　　去污力的表征通常采用白度测定法。白度又称反射率，就是将一束光照射到污布表面，测定有多少光被反射。通常在清洗前，污布呈黑色，发射的光大多被吸收，反射率很低，而清洗后，污垢被去除，污布变白，反射率升高。测定白度通常借助于特定的仪器，即白度仪。

　　由于仪器测量与人眼的观察并不完全一致。因此一些日化用品公司在测定去污力时考虑直接利用人眼观察，以区分洗涤效果的好坏。当然人眼的这种识别能力需要进行训练，即通过观察一系列不同白度的标准样品来训练眼力。

　　此外，去污实验过程的实验条件如温度、搅拌程度、水的硬度等也十分重要，即使采用标准的实验条件，不同的操作者在不同的实验室也未必能得出完全重复的结果。为了弥补这一缺陷，往往采用相对结果，即在相同的实验条件下，同时测定一种"标准粉"的去污力，将样品的去污力除以标准粉的去污力，得到去污比值。相对于绝对的去污力数据，去污比值数据应该更为可靠。

1．污布的选择
　　本实验选用三种污布：JB01（炭黑油污布），JB02（蛋白污布）和JB03（皮脂污布）。把买来的污布裁成直径ϕ6cm的圆片，每个试样要求4~6片污布。

2．试验原理
　　用一定硬度的水配制一定浓度的洗涤剂溶液，在去污试验机内，于规定的洗涤温度和洗涤时间下，对各类污渍试片进行洗涤。洗涤完成后，将污布晾干或烘干，用白度计在选定波长下测定洗后污布的白度值，结合洗前白度值和白布的白度值计算去污力。

3．污布白度的测定
　　选用WSD-3白度计。

（1）准备：将仪器放在通风良好的室内，检查电源线，打开电源开关。

（2）从仪器附件箱内取出"工作白板"和"黑板"，平放在实验台上。

（3）调整和校正

调零：待屏幕出现"ZERO"，将黑板放在传感器上，按下调零按钮；

校正：待屏幕出现"STANDARD"，将工作白板放在传感器上，按下标准按钮。

（4）测量：经调零和校正后，就可以测量，这时把污布放到传感器上，读取不同部位的白度值（读数点应中心对称），通常可以读取中心、上、下、左、右，共5点的数据，再把布翻过来，同样操作，又得5个读数，这样对一块污布可测得10个读数，取其平均值即为污布的平均白度值。当然也可以每块污布读取4~6个读数。

4．硬水配制及试液的配制

（1）250mg/L硬水的配制　分别称取硫酸镁（$MgSO_4 \cdot 7H_2O$）0.248g（或无水硫酸镁0.12g）和氯化钙（$CaCl_2 \cdot 2H_2O$）0.22g（或无水氯化钙0.167g），溶于去离子水中，合并转移到1000mL容量瓶中，加水至刻度，摇匀。注意，不可将硫酸镁和氯化钙混在一起溶解，否则容易形成沉淀。

（2）试液的配制　称取2g样品（浓缩洗衣液称取1g），用250mg/kg硬水溶解，转移到1000mL容量瓶中，继续加硬水稀释到刻度，摇匀。也可以用100mL硬度为2500mg/kg的硬水溶解，转移到1000mL容量瓶中，继续加去离子水稀释到刻度，摇匀。

5．洗涤试验

（1）洗涤试验在立式去污仪（图3）中进行。测定前先把搅拌叶轮、工作槽、去污浴缸一一编号，固定组成一个"工作单元"，并预热仪器至(30±1)℃，稳定一段时间。

图3　立式去污仪（RHLQ-Ⅱ型）

（2）将配制好的试液 1L 预热到 30℃，倒入对应的去污缸内，将去污缸放入对应的位置，安装好搅拌叶轮，调节温度在(30±1)℃，在每个去污缸内放 3~4 块预先测过白度（洗前白度）的污布（做好标记），启动搅拌，保持搅拌速度 120r/min，连续洗涤 20min 后停止。

（3）从去污缸中取出污布，一起放入漂洗器内桶（图4），沥干水分，放进漂洗器（图5，最外面是一个透明的塑料盆），倒入 1500mL 自来水，盖上盖子，转动盖子上的手柄，使内桶转动约 30s 后停止，放掉漂洗水，重复两次。再手工脱水 15s（转速约 1800r/min）后取出晾干。

图 4　漂洗器内桶　　　　　图 5　漂洗器整体图

（4）对晾干后的污布测定白度，以一一对应的方式，计算每块污布洗涤前后的白度差（F_2-F_1），并对每组试片，分别在置信度 90% 下，进行 Q 值检验，对可疑值进行取舍 [参见第一章第三节—（三）]。每组试片，舍去的数据不可超过 1，否则数据不可信。

6. 去污值及去污比值计算

去污值 R：

$$R = \Sigma(F_2 - F_1)/n \tag{28}$$

去污比值：

$$P = R_{试样} / R_{标准} \tag{29}$$

式中　F_2——洗后白度；

　　　F_1——洗前白度；

　　　n——Q 值检验后，每组试片的有效数量；

　　$R_{试样}$——试样的去污值；

　　$R_{标准}$——标准粉的去污值。

$P \geqslant 1.0$ 表示样品的去污力相当于或优于标准洗衣粉；而 $p<1.0$ 表示样品的去污力不如（劣于）标准洗衣粉。

7. 结果记录（表 1~表 3）

表 1 炭黑污布（JB01）去污力测试数据一览表

洗涤剂名称	污布编号	F_1	F_2	去污值	平均去污值或去污比值
标准洗衣粉或标准洗衣液	1				
	2				
	3				
	4				
	5				
	6				
样品（1）	1				
	2				
	3				
	4				
	5				
	6				
样品（2）	1				
	2				
	3				
	4				
	5				
	6				

表 2 蛋白污布（JB02）去污力测试数据一览表

洗涤剂名称	污布编号	F_1	F_2	去污值	平均去污值或去污比值
标准洗衣粉或标准洗衣液	1				
	2				
	3				
	4				
样品（1）	1				
	2				
	3				
	4				
样品（2）	1				
	2				
	3				
	4				

表3 皮脂污布（JB03）去污力测试数据一览表

洗涤剂名称	污布编号	F_1	F_2	去污值	平均去污值或去污比值
标准洗衣粉 或标准洗衣液	1				
	2				
	3				
	4				
样品（1）	1				
	2				
	3				
	4				
样品（2）	1				
	2				
	3				
	4				

十六、餐具洗涤剂去污力的测定

（一）去油率法（仲裁法）

1．测试原理

将标准人工污垢均匀附着于载玻片上，用规定浓度的餐具洗涤剂溶液在规定的条件下洗涤，测定污垢的去除率。本方法适用于各种配方的餐具洗涤剂。

2．试验方法

（1）人工污垢的配制

混合油配方：

按牛油：猪油：植物油=0.5：0.5：1（质量比）的比例配制混合油，并加入相当于其总质量 5%的单硬脂酸甘油酯，即得到人工污垢（置于冰箱冷藏室中，保质期 6 个月）。

将人工污垢置于烧杯中，加热到 180℃，在该温度下搅拌保温 10min，然后将烧杯移至磁力搅拌器上，自然冷却至所需温度备用。

推荐的污垢涂布温度：当室温 20℃时，油温需达到 80℃；室温为 25℃时，油温需达到 45℃；当室温低于 17℃或高于 27℃时，试验不宜进行，需要在空调间进行。必要时应使用附带冷冻装置的立式去污机。

（2）污片的制备

取一块载玻片，横置，距上边 10mm 处画一条上沿线，距下边 5mm 处画一条下沿线，两条线之间为涂污区域。

新购的载玻片需要进行处理，方法是在洗涤剂溶液中煮沸 15min，用清水洗涤至不挂水珠，再置于酸性洗液中浸泡 1h，然用清水漂洗及蒸馏水冲洗，置于干燥箱中干燥后备用。

将洁净的载玻片以四片为一组，置于称量架上，用分析天平精确称重（准确至 1mg），记为 m_0，将称重后的载玻片逐一夹于晾片架上（夹子应夹在载玻片的上沿线以上），将晾片架置于搪瓷盘内，准备涂污。

待油污保持在确定的温度时，逐一将载玻片连同夹子从晾片架上取下，手持夹子将载玻片浸入油污中（直至所画的上沿线），保持 1~2s，然后缓缓取出，待油污下滴速度变慢后，挂回原来晾片架上。待油污凝固后，将污片取下，用滤纸或脱脂棉将所画下沿线以下以及两侧边多余的油污擦掉，再用镊子夹住沾有石油醚的脱脂棉擦拭干净。室温下晾置 4h 后，在称量架上用分析天平精确称量，记为 m_1。此时，每组污片上的油污量应为(0.5±0.5)g。

（3）洗涤

称取烷基苯磺酸钠（LAS）14份（以100%计），醇醚硫酸盐（AES）1份（以100%计），无水乙醇5份，尿素5份，加水至100份，混匀，用盐酸或氢氧化钠调节pH=7~8，作为标准餐具洗涤剂溶液备用。

将已知涂污量的载玻片插入对应的洗涤架内，准备洗涤。

将去污机接通电源，洗涤温度设置为30℃，回转速度设置为160r/min，洗涤时间设定为3min。

称取5.00g待测试样，溶于2500mL 250mg/L硬水中，摇匀。分别量取800mL试液，加入到立式去污机的三个洗涤桶中，待试液温度升至30℃时，迅速将已知涂污量的载玻片连同洗涤架对应地放入洗涤桶内，并迅速将搅拌器装好。当最后一只洗涤架放入洗涤桶后开始计时，浸泡1min，然后启动去污机洗涤3min，机器自动停止后迅速将搅拌器取下，取出洗涤架，将洗后污片逐一夹挂在原来的晾片架上，挂晾3h后将污片置于相应的称量架上称重，记为m_2。

注：每次实验时，必须为每一个待测试样准备三组污片。由于涂污条件可能会影响去油率测定结果，故对同一批涂污的载玻片，无论其能够测试多少待测试样，必须同时用三组污片测定标准餐具洗涤剂样品以进行对照。

3. 试验结果及判定

按下式计算去油率：

$$去油率 = \frac{m_1 - m_2}{m_1 - m_0} \times 100\%　　　　　　　（30）$$

式中　m_0——涂污前载玻片的质量，g；

　　　m_1——涂污后载玻片的质量，g；

　　　m_2——洗涤后载玻片的质量，g。

要求三组结果的相对平均偏差≤5%。

若被测餐具洗涤剂样品的去油率不低于标准餐具洗涤剂的去油率，则该餐具洗涤剂的去污力为合格，否则为不合格。

（二）泡沫位法

1. 测试原理

将一定量的人工污垢涂在盘子上，在规定浓度的餐具洗涤剂溶液中洗涤，每一种洗涤剂溶液能够洗净的盘子个数（即污垢量）与其去污能力有关。由于洗下的污垢能消除洗涤液的泡沫，因此若以表面泡沫层消失至一半作为洗涤终点，则洗净的盘子数量可以作为去污能力的量度。

本方法不适用于低泡型餐具洗涤剂的去污力测定。

2．试验方法

（1）人工污垢的配制 人工污垢的配方如下：混合油，15%；小麦粉，15%；全脂奶粉，7.5%；新鲜全鸡蛋液，30%；蒸馏水，32.5%。根据需要涂污的盘子个数确定所需的污垢量，按上述配方比例，称取所需量的各个组分。先将新鲜鸡蛋去壳，置烧杯中，搅拌均匀备用。将小麦粉和全脂奶粉混合均匀。将混合油置于烧杯中加热至 50~60℃熔化，然后将混合均匀的小麦粉和全脂奶粉加入熔化的混合油中搅拌，再将鲜蛋液分数次加入，搅拌均匀，最后分数次加入水，搅拌成细腻的人工污垢，供涂污用（现用现配）。

（2）涂污 将配制好的污垢和一把 38mm 的猪棕刷（油漆刷）置于 200g 天平的架盘上称重，记下总重量，然后用刷子将油污涂布于每个盘子上，用减量法控制污垢涂布量，大盘涂污量为 4g，中盘涂污量为 2g，小盘涂污量为 0.6g。若以大盘为单位，则 1 个中盘相当于 0.5 个大盘，一个小盘相当于 0.2 个大盘。

涂污时用猪棕油漆刷蘸上人工污垢均匀地涂于盘子内凹下的中心面上，涂污后于室温放置过夜备用。

（3）洗涤 用天平称取餐具洗涤剂样品 4.0g，用 1000mL 250mg/L 硬水溶解，转移到搪瓷盆中，另将 1000mL 硬水倒入下口瓶中（下口瓶的出口管下面部分预先用同样的硬水充填并放出多余的水至放不出为止）。将盆中的洗涤剂溶液加热到一定温度，使二者混合后的温度刚好为 25℃（例如，硬水的温度为 15℃，则将洗涤剂溶液加热到 35℃）。将搪瓷盆如图 6 所示置于下口瓶下面，使出口管流出的水正好对准盆中央。打开出口管，使 1000mL 硬水流入盆中（下落时间约为 45s），

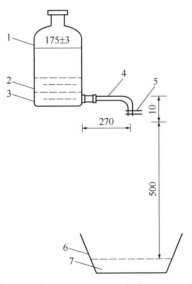

图 6　冲击起泡装置（尺寸单位：mm）

1—5000mL 广口瓶；2—1000mL 硬水；3—放不出来的底水；4—玻璃管（内径 6mm）；

5—弹簧夹；6—搪瓷盆；7—1000mL 硬水加 3.0g 餐具洗涤剂试样

冲击起泡。然后将盘子逐个浸入洗涤溶液中，用 102mm 猪棕油漆刷刷洗，先顺时针刷五次，再逆时针刷五次，如此重复一次后，涂于盘子上的污垢大部分被洗下，最后再将未洗下部分刷洗掉。洗后取出盘子沥干数秒钟，控制每个盘子总的洗刷时间为 30s。随即刷洗第二个、第三个……，直至液面泡沫层覆盖面积消失至一半为止。注意，快到终点时应用中盘和小盘来洗。记下总的洗盘个数，折算成大盘个数。

用同样的程序测定标准餐具洗涤剂的洗盘数。

3．试验结果及判定

若被测餐具洗涤剂样品的洗盘数不少于标准餐具洗涤剂的洗盘个数，该洗涤剂的去污力判为合格，否则判为不合格。

十七、吊环法测定表面活性剂溶液的表面张力

1. 测定原理

液体表面的分子由于受到不对称的范德华引力作用，产生了表面张力。测定液体表面张力的方法有多种，例如吊片法、吊环法、滴体积法、滴外形法等。表面活性剂溶于水中能显著降低水的表面张力，这是许多表面活性剂应用性能的基础，例如润湿、发泡、乳化、分散等。本实验采用最常用的吊环法，其原理是将一个铂金环（Du Noüy Ring）从液体或溶液中拉出，理论上，如果被环拉起的液体与液面垂直[图7（b）]，则最大拉力 P 等于吊环的内外周长之和与表面张力 γ 的乘积：

$$P = 4\pi R \gamma \tag{31}$$

式中　R——吊环的平均半径。

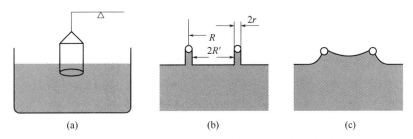

图 7　Du Noüy 吊环法测定液体表面张力示意图

但实际上当环被拉起时，附着在环上的液体并没有与液面垂直[图7（c）]，因此要使上式成立，必须引入校正因子 f：

$$\gamma = fP/(4\pi R) = fp \tag{32}$$

研究表明，校正因子 f 是 R/r 及 R^3/V 的函数，这里 r 是铂金丝的半径，V 为圆环拉起的液体体积，可由 $P = mg = V\rho g$ 计算，其中 ρ 为液体的密度。获取校正因子 f 的方法有两种，一种是查表求取（参见崔正刚主编，表面活性剂、胶体与界面化学基础，附录1）。另一种方法是利用适当的数学公式求取，例如对国内常用的一种铂金环，$R \approx 1\text{cm}$，$r \approx 0.03\text{cm}$，则校正因子为：

$$f = 0.7250 + \sqrt{\frac{0.1452p}{C^2 \Delta\rho} + 0.04534 - \frac{1.679}{R/r}} \tag{33}$$

式中，C 为圆环的平均周长（$2\pi R$），$p = \dfrac{P}{4\pi R}$（mN/m）；$\Delta\rho$ 为两相的密度差，

205

当测定液体的表面张力时，气相的密度可忽略不计，$\Delta\rho$即为液相的密度。

当采用商品表面张力仪时，一般无需计算校正因子，因为软件已经自动计算了，直接给出了最终的表面张力数值。

2．仪器

JYW-200D 自动界面张力仪，如图 8 所示。

图 8　JYW-200D 自动界面张力仪

3．操作步骤

（1）检查仪器上的水准泡，调节基座上的调平旋钮，使仪器水平。

（2）打开电源开关，稳定 15min。

（3）清洁铂金环和玻璃杯。清洁铂金环的方法：先在石油醚中清洗，接着用丙酮漂洗，然后在煤气灯或酒精灯的氧化焰中灼烧，冷却。铂金环很软，处理时要特别小心，防止变形，一旦变形，必须校正后方可使用。用镊子夹取铂金环的上端，将其挂在挂钩上。

（4）在玻璃夹套中放入少量去离子水，开通恒温循环水泵，使水温达到预定温度，一般为 (25±0.5)℃。取清洁过的玻璃测量杯，小心注入被测液体 40~50mL，置于恒温箱或恒温水浴中，使溶液温度达到预定温度。然后将测量杯移入已达到恒温要求的玻璃夹套中。

（5）在"开机初始页"连续按"▲"键四次，液晶界面显示"试验显示 按确认键进入"菜单页，再按"确认"，进入如下所示的试验显示主页：

206

```
   p :     000.00    mN/m
D: 0
   F: 000.00  mN/m          <
+↑
```

（6）按"清零"键，再按"▲"键，使玻璃杯平台上升，液晶界面右下边显示"<↑"提示符。

（7）待铂金环浸没液体时，平台自动停止上升。按"清零"键，使 p 值变为000.00mN/m。按"▼"键、按"保持"键，使玻璃杯平台下降，液晶界面右下边显示"+↓"提示符。随着玻璃杯平台下降，环被拉起，p 值不断增大，直至液膜被拉破，玻璃杯平台自动停止。此时 P 值即是测定值（未校正），F 值即是校正后的实际表面张力值，记录该值。

（8）按"清零"键取消保持状态。按"▲"键使玻璃杯平台上升，液晶界面右下边显示"<↑"提示符。待铂金环浸没液体时，平台自动停止上升，此时不管 p 值是不是 0.00 都不要再按"清零"键。

（9）按"▼"键、按"保持"键，玻璃杯平台下降，液晶界面右下边显示"+↓"提示符，在玻璃杯平台自动停止后，记录溶液实际表面张力值。重复测量3~5 次后，按"复位"键进入开机主页面。

（10）用镊子小心取下铂金环，用去离子水冲洗，置于干净的滤纸上，吸干水珠。更换样品溶液，继续测量。试验完毕，清洗铂金环，关闭电源。

当没有商品表面张力仪时，可以利用电子天平自制表面张力仪，如图 9 所示。

图 9　自制表面张力仪

207

方法是选用一台万分之一精度（分辨率 0.0001g）的电子天平，放在一个平台上。通常天平的底部有一个挂钩，在平台上开一个孔，对准挂钩，用一根金属丝一头连接挂钩，另一头挂上 Du Noüy 环，在平台下面放一个手动升降台，升降台上放一个玻璃夹套，与一个恒温水浴相连，将测定杯放在夹套内，上升升降台，使吊环浸入被测溶液，然后使升降台缓慢下降，观察将液膜拉破时天平显示的最大重量 m（g），将重量 m 转换成力 P（mN），再根据吊环的周长转换成单位长度上的力 p（mN/m），用式（33）计算校正因子 f，即可由式（32）计算出表面张力。使用 R=1cm 左右的吊环，测定纯水的表面张力时，最大拉力约为 1g 左右，因此测量精度可达 0.01mN/m。在正式测定前通常先测定纯水或其它标准液体的表面张力，以检验仪器的可靠性。

该法也可用于测定表面活性剂水溶液与油的界面张力。

附　录

一、常用正交表

（1）$L_4(2^3)$

列号 试验号	1	2	3
1	1	1	1
2	1	2	2
3	2	1	2
4	2	2	1

（2）$L_8(2^7)$

列号 试验号	1	2	3	4	5	6	7
1	1	1	1	1	1	1	1
2	1	1	1	2	2	2	2
3	1	2	2	1	1	2	2
4	1	2	2	2	2	1	1
5	2	1	2	1	2	1	2
6	2	1	2	2	1	2	1
7	2	2	1	1	2	2	1
8	2	2	1	2	1	1	2

（3）$L_{12}(2^{11})$

列号 试验号	1	2	3	4	5	6	7	8	9	10	11
1	1	1	1	1	1	1	1	1	1	1	1
2	1	1	1	1	1	2	2	2	2	2	2
3	1	1	2	2	2	1	1	1	2	2	2
4	1	2	1	2	2	1	2	2	1	1	2
5	1	2	2	1	2	2	1	2	1	2	1
6	1	2	2	2	1	2	2	1	2	1	1
7	2	1	2	2	1	1	2	2	1	2	1
8	2	1	2	1	2	2	2	1	1	1	2

210

列号 试验号	1	2	3	4	5	6	7	8	9	10	11
9	2	1	1	2	2	2	1	2	2	1	1
10	2	2	2	1	1	1	1	2	2	1	2
11	2	2	1	2	1	2	1	1	1	2	2
12	2	2	1	1	2	1	2	1	2	2	1

（4）L_9（3^4）

列号 试验号	1	2	3	4
1	1	1	1	1
2	1	2	2	2
3	1	3	3	3
4	2	1	2	3
5	2	2	3	1
6	2	3	1	2
7	3	1	3	2
8	3	2	1	3
9	3	3	2	1

（5）L_{16}（4^5）

列号 试验号	1	2	3	4	5
1	1	1	1	1	1
2	1	2	2	2	2
3	1	3	3	3	3
4	1	4	4	4	4
5	2	1	2	3	4
6	2	2	1	4	3
7	2	3	4	1	2
8	2	4	3	2	1
9	3	1	3	4	2
10	3	2	4	3	1
11	3	3	1	2	4
12	3	4	2	1	3
13	4	1	4	2	3
14	4	2	3	1	4
15	4	3	2	4	1
16	4	4	1	3	2

211

（6）L$_{25}$（5^6）

列号 试验号	1	2	3	4	5	6
1	1	1	1	1	1	1
2	1	2	2	2	2	2
3	1	3	3	3	3	3
4	1	4	4	4	4	4
5	1	5	5	5	5	5
6	2	1	2	3	4	5
7	2	2	3	4	5	1
8	2	3	4	5	1	2
9	2	4	5	1	2	3
10	2	5	1	2	3	4
11	3	1	3	5	2	4
12	3	2	4	1	3	5
13	3	3	5	2	4	1
14	3	4	1	3	5	2
15	3	5	2	4	1	3
16	4	1	4	2	5	3
17	4	2	5	3	1	4
18	4	3	1	4	2	5
19	4	4	2	5	3	1
20	4	5	3	1	4	2
21	5	1	5	4	3	2
22	5	2	1	5	4	3
23	5	3	2	1	5	4
24	5	4	3	2	1	5
25	5	5	4	3	2	1

（7）L$_8$（4×2^4）

列号 实验号	1	2	3	4	5
1	1	1	1	1	1
2	1	2	2	2	2
3	2	1	1	2	2
4	2	2	2	1	1
5	3	1	2	1	2
6	3	2	1	2	1
7	4	1	2	2	1
8	4	2	1	1	2

（8）L_{12}（3×2^4）

列号 试验号	1	2	3	4	5
1	1	1	1	1	1
2	1	1	1	2	2
3	1	2	2	1	2
4	1	2	2	2	1
5	2	1	2	1	1
6	2	1	2	2	2
7	2	2	1	2	2
8	2	2	1	2	2
9	3	1	2	1	2
10	3	1	1	2	1
11	3	2	1	1	2
12	3	2	2	2	1

（9）L_{16}（4^4×2^3）

列号 试验号	1	2	3	4	5	6	7
1	1	1	1	1	1	1	1
2	1	2	2	2	1	2	2
3	1	3	3	3	2	1	2
4	1	4	4	4	2	2	1
5	2	1	2	3	2	2	1
6	2	2	1	4	2	1	2
7	2	3	4	1	1	2	2
8	2	4	3	2	1	1	1
9	3	1	3	4	1	2	2
10	3	2	4	3	1	1	1
11	3	3	1	2	2	2	1
12	3	4	2	1	2	1	2
13	4	1	4	2	2	1	2
14	4	2	3	1	2	2	1
15	4	3	2	4	1	1	1
16	4	4	1	3	1	2	2

213

二、常用均匀表

（1）U_5（5^4）

列号 试验号	1	2	3	4
1	1	2	3	4
2	2	4	1	3
3	3	1	4	2
4	4	3	2	1
5	5	5	5	5

（2）U_7（7^6）

列号 试验号	1	2	3	4	5	6
1	1	2	3	4	5	6
2	2	4	6	1	3	5
3	3	6	2	5	1	4
4	4	1	5	2	6	3
5	5	3	1	6	4	2
6	6	5	4	3	2	1
7	7	7	7	7	7	7

（3）U_9（9^6）

列号 试验号	1	2	3	4	5	6
1	1	2	4	5	7	8
2	2	4	8	1	5	7
3	3	6	3	6	3	6
4	4	8	7	2	1	5
5	5	1	2	7	8	4
6	6	3	5	3	6	3
7	7	5	1	8	4	2
8	8	7	6	4	2	1
9	9	9	9	9	9	9

（4）U_{11}（11^{10}）

列号 试验号	1	2	3	4	5	6	7	8	9	10
1	1	2	3	4	5	6	7	8	9	10
2	2	4	6	8	10	1	3	5	7	9
3	3	6	9	1	4	7	10	2	5	8
4	4	8	1	5	9	2	6	10	3	7
5	5	10	4	9	3	8	2	7	1	6
6	6	1	7	2	8	3	9	4	10	5
7	7	3	10	6	2	9	5	1	8	4
8	8	5	2	10	7	4	1	9	6	3
9	9	7	5	3	1	10	8	6	4	2
10	10	9	8	7	6	5	4	3	2	1
11	11	11	11	11	11	11	11	11	11	11

（5）U_{12}（13^{12}）

列号 试验号	1	2	3	4	5	6	7	8	9	10	11	12
1	1	2	3	4	5	6	7	8	9	10	11	12
2	2	4	6	8	10	12	1	3	5	7	9	11
3	3	6	9	12	2	5	8	11	1	4	7	10
4	4	8	12	3	7	11	2	6	10	1	5	9
5	5	10	2	7	12	4	9	1	6	11	3	8
6	6	12	5	11	4	10	3	9	2	8	1	7
7	7	1	8	2	9	3	10	4	11	5	12	6
8	8	3	11	6	1	9	4	12	7	2	10	5
9	9	5	1	10	6	2	11	7	3	12	8	4
10	10	7	4	1	11	8	5	2	12	9	6	3
11	11	9	7	5	3	1	12	10	8	6	4	2
12	12	11	10	9	8	7	6	5	4	3	2	1
13	13	13	13	13	13	13	13	13	13	13	13	13

三、干燥剂

1．常用干燥剂

附表 1　常用干燥剂及干燥性能

序号	名称	吸水能力	干燥速度	酸碱性	再生方式
1	氧化钡（钙）	—	慢	碱性	不能再生
2	氢氧化钾（钠）	大	较快	碱性	不能再生
3	碳酸钾（钠）	中	较慢	碱性	烘干再生
4	金属钠	—	—	碱性	不能再生
5	五氧化二磷	大	快	酸性	不能再生
6	浓硫酸	大	快	酸性	蒸发浓缩再生
7	硅胶	大	快	酸性	120℃下烘干再生
8	分子筛	大	较快	酸性	烘干，温度随型号而异
9	硫酸铜	大	—	微酸性	150℃下烘干再生
10	硫酸镁	大	较快	中性	200℃下烘干再生
11	硫酸钙	小	快	中性	163℃（脱水温度）下再生
12	高氯酸镁	大	快	中性	烘干再生（251℃分解）
13	活性氧化铝	大	快	中性	110~300℃下烘干再生
14	硫酸钠	大	慢	中性	烘干再生
15	氯化钙	大	快	含碱性杂质	200℃下烘干再生

　　注：使用高氯酸盐时务必小心，碳、硫、磷及一切有机物都不能与之接触，否则会发生猛烈爆炸，造成危险。

2．干燥适用表

附表 2　液体干燥剂适用表

序号	液体名称	适用干燥剂
1	饱和烃类	分子筛
2	不饱和烃类	P_2O_5，$CaCl_2$，$NaOH$，KOH，Na_2SO_4，$MgSO_4$，$CaSO_4$
3	卤代烃类	P_2O_5，$CaCl_2$，H_2SO_4（浓），Na_2SO_4，$MgSO_4$，$CaSO_4$
4	醇类	BaO，CaO，K_2CO_3，Na_2SO_4，$MgSO_4$，$CaSO_4$，硅胶
5	酚类	Na_2SO_4，硅胶
6	醛类	$CaCl_2$，Na_2SO_4，$MgSO_4$，$CaSO_4$，硅胶

序号	液体名称	适用干燥剂
7	酮类	K_2CO_3，Na_2SO_4，$MgSO_4$，$CaSO_4$，硅胶
8	醚类	BaO，CaO，NaOH，KOH，Na，$CaCl_2$，Na_2SO_4，$MgSO_4$，$CaSO_4$，硅胶
9	酸类	P_2O_5，Na_2SO_4，$MgSO_4$，$CaSO_4$，硅胶
10	酯类	K_2CO_3，$CaCl_2$，Na_2SO_4，$MgSO_4$，$CaSO_4$，硅胶
11	胺类	BaO，CaO，NaOH，KOH，K_2CO_3，Na_2SO_4，$MgSO_4$，$CaSO_4$，硅胶
12	肼类	NaOH，KOH，Na_2SO_4，$MgSO_4$，$CaSO_4$，硅胶
13	腈类	P_2O_5，K_2CO_3，$CaCl_2$，Na_2SO_4，$MgSO_4$，$CaSO_4$，硅胶
14	硝基化合物	$CaCl_2$，Na_2SO_4，$MgSO_4$，$CaSO_4$，硅胶
15	二硫化碳	P_2O_5，$CaCl_2$，Na_2SO_4，$MgSO_4$，$CaSO_4$，硅胶
16	碱类	NaOH，KOH，BaO，CaO，Na_2SO_4，$MgSO_4$，$CaSO_4$，硅胶

附表 3　气体干燥剂适用表

序号	气体名称	适用干燥剂
1	H_2	P_2O_5，$CaCl_2$，H_2SO_4（浓），Na_2SO_4，$MgSO_4$，$CaSO_4$，CaO，BaO，分子筛
2	O_2	P_2O_5，$CaCl_2$，Na_2SO_4，$MgSO_4$，$CaSO_4$，CaO，BaO，分子筛
3	N_2	P_2O_5，$CaCl_2$，H_2SO_4（浓），Na_2SO_4，$MgSO_4$，$CaSO_4$，CaO，BaO，分子筛
4	O_3	P_2O_5，$CaCl_2$
5	Cl_2	$CaCl_2$，H_2SO_4（浓）
6	CO	P_2O_5，$CaCl_2$，H_2SO_4（浓），Na_2SO_4，$MgSO_4$，$CaSO_4$，CaO，BaO，分子筛
7	CO_2	P_2O_5，$CaCl_2$，H_2SO_4（浓），Na_2SO_4，$MgSO_4$，$CaSO_4$，分子筛
8	SO_2	P_2O_5，$CaCl_2$，Na_2SO_4，$MgSO_4$，$CaSO_4$，分子筛
9	CH_4	P_2O_5，$CaCl_2$，H_2SO_4（浓），Na_2SO_4，$MgSO_4$，$CaSO_4$，CaO，BaO，NaOH，KOH，Na，分子筛
10	NH_3	$CaSO_4$，分子筛
11	HCl	$CaCl_2$，H_2SO_4（浓）
12	HBr	$CaBr_2$
13	HI	CaI_2
14	H_2S	$CaCl_2$
15	C_2H_4	P_2O_5
16	C_2H_2	P_2O_5，NaOH

四、相平衡数据

（一）平衡温度和压力校正

1. 温度计露茎校正

由于用来测量平衡温度的温度计的水银柱未全部侵入被测体系，需进行露茎校正。校正值按下式计算：

$$\Delta T_{露茎} = nK(T - T_{环})$$

式中　K——水银对玻璃的膨胀系数，$K=0.00016$；

　　n——露出被测体系之外的水银柱长度，如附图 1 所示，称为露茎高度，以温度计读数的差值表示；

　　T——测量用温度计上的读数（即 $T_{观}$），℃；

　　$T_{环}$——测量用温度计露出部分所处的环境温度，℃；由附在测量温度计上的辅助温度计读得。

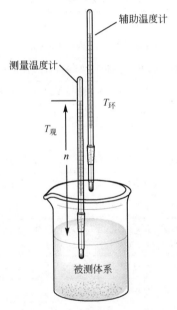

附图 1　露茎校正示意图

经过校正，测得在大气压力下的平衡温度为：

$$T_{真实} = T + \Delta T_{露茎}$$

2. 压力校正

由于测量是在大气压力 p_0 下进行的，为了便于与文献 $P=760mmHg$（101325Pa）

218

下的气-液平衡数据做比较，需将实测的平衡温度 $T_{真实}$ 校正为正常沸点温度 $T_{正常}$。应用特鲁顿（Trouton）规则及克劳修斯-克拉贝龙（Clausius-Crablang）公式，可得溶液沸点因大气压变动而变动的近似校正式：

$$\Delta T = \frac{R(T_{真实} + 273.15)}{2} \times \frac{\Delta p}{p} \approx \frac{T_{真实} + 273.15}{10} \times \frac{760 - p_0}{760}$$

式中　p_0——测定时的大气压力，mmHg。

得到 760mmHg 压力下的气-液平衡温度为：

$$T = T_{真实} + \Delta T$$

（二）0.1013MPa 下乙醇（1）-环己烷（2）体系气-液平衡数据

附表 4　0.1013MPa 下乙醇（1）-环己烷（2）体系气-液平衡数据

x_1	y_1	$T/℃$	x_1	y_1	$T/℃$	x_1	y_1	$T/℃$
0.0200	0.1750	73.99	0.3660	0.4300	64.78	0.7760	0.5150	65.93
0.0300	0.3020	69.08	0.4030	0.4310	64.77	0.7810	0.4980	66.40
0.0650	0.3580	66.94	0.4310	0.4310	64.77	0.8090	0.5450	66.90
0.0810	0.3630	66.08	0.4440	0.4380	64.78	0.8330	0.5780	67.26
0.0860	0.3650	66.37	0.5000	0.4430	64.81	0.8530	0.5950	67.98
0.1250	0.3880	65.59	0.5570	0.4550	64.88	0.8810	0.6230	68.86
0.1510	0.3960	65.23	0.6130	0.4600	65.01	0.8980	0.6530	69.44
0.2060	0.4080	65.12	0.6210	0.4580	64.99	0.9090	0.6780	70.11
0.2580	0.4150	64.93	0.6780	0.4750	65.25	0.9290	0.7250	71.42
0.2830	0.4180	64.87	0.7380	0.5050	65.56	0.9510	0.7780	72.48
0.3150	0.4260	64.84	0.7630	0.4960	66.03			

附表 5　x_i-x_i 关联式中的常数（按附表 4 中的数据关联）

常数	A_{12}	A_{21}	α_{12}	泡点温度偏差 $\Delta T/℃$	气相组成偏差 Δy
MARGULES	2.4728	1.7264		0.56~3.78	0.0201~0.0653
VANLAAR	2.5567	1.7586		0.52~3.37	0.0177~0.0557
WILSON	1921.9738	363.3917		0.67~2.54	0.0156~0.0383
NRTL	761.7789	1393.7993	0.4376	0.51~2.79	0.0139~0.0428
UNIQUAC	−153.0128	1100.3231		0.47~3.21	0.0154~0.0523

219

（三）乙醇（1）-水（2）体系 VLE 数据

附表 6   0.1013MPa 下乙醇（1）-水（2）体系气-液平衡数据

液相组成 X_1/%	平衡温度 T/℃	气相组成 Y_1/%	液相组成 X_1/%	平衡温度 T/℃	气相组成 Y_1/%	液相组成 X_1/%	平衡温度 T/℃	气相组成 Y_1/%
0.8	99.0	7.6	47.2	82.3	76.4	84.4	79.2	88.0
4.0	95.9	33.4	52.1	81.7	77.6	85.7	79.1	88.7
8.0	92.6	47.7	57.2	81.2	78.7	87.0	79.1	89.5
12.1	90.2	55.2	62.4	80.8	80.1	88.3	78.7	90.3
16.2	88.3	60.9	67.8	80.4	81.5	89.6	78.5	91.1
20.4	86.9	65.6	73.5	79.9	83.4	91.0	78.4	92.0
24.6	85.7	68.3	77.0	79.7	84.7	92.4	78.3	93.0
28.9	84.5	70.8	79.4	79.5	85.7	93.8	78.2	94.1
33.3	84.1	72.7	80.6	79.4	86.2	95.3	78.2	95.3
37.8	83.5	74.1	81.9	79.3	86.8	96.8	78.3	96.7
42.4	82.8	75.3	83.1	79.2	87.4	98.4	78.3	98.3

注：表中 X_1、Y_1 为质量分数。

（四）乙醇-环己烷-水液液平衡数据

附表 7   298.15K 下乙醇-环己烷-水体系液-液平衡溶解度数据

序号	乙醇/%	环己烷/%	水/%
1	41.06	0.08	58.86
2	43.24	0.54	56.22
3	50.38	0.81	48.81
4	53.85	1.36	44.79
5	61.63	3.09	35.28
6	66.99	6.98	26.03
7	68.47	8.84	22.69
8	69.31	13.88	16.81
9	67.89	20.38	11.73
10	65.41	25.98	8.31
11	61.59	30.63	7.78
12	48.17	47.54	4.29
13	33.14	64.79	2.07
14	16.70	82.41	0.89

（五）乙醇–环己烷折射率与组成关系

附表8　25℃时环己烷-乙醇溶液折射率-组成关系

$x_{乙醇}$	$x_{环己烷}$	n_D^{25}
1.00	0.0	1.3594
0.8992	0.1008	1.3687
0.7948	0.2052	1.3777
0.7089	0.2911	1.3841
0.5941	0.4059	1.392
0.4983	0.5017	1.3984
0.4016	0.5984	1.4034
0.2987	0.7013	1.4089
0.2050	0.7950	1.4136
0.1030	0.8970	1.4186
0.00	1.00	1.4234

五、不同压力下直链脂肪酸（或甲酯）的沸点

附表9　不同压力下饱和直链脂肪酸（或甲酯）的沸点　　单位：℃

压力/mmHg ＼ 碳数	饱和直链脂肪酸				饱和直链脂肪酸甲酯			
	C_8	C_{10}	C_{12}	C_{14}	C_8	C_{10}	C_{12}	C_{14}
1	88.0	109.8	129.8	148.4	37.5	61.8	92.3	114.8
2	98.3	120.5	141.0	160.1	48.0	77.0	103.7	127.0
4	109.4	132.2	153.2	172.8	59.5	89.3	115.9	140.0
6	116.3	139.5	160.9	180.8	66.6	96.2	121.6	148.8
10	125.6	149.3	171.1	191.4	76.0	106.6	134.0	160.8
20	139.2	163.6	186.2	207.2	89.6	121.4	149.5	177.1
40	154.2	179.5	202.8	224.5	104.9	137.7	166.4	194.7
760	239.7	270.0	298.9	326.2	195	224	262	300

六、液体在常压与减压下的沸点近似关系图及使用简介

附图2是液体在常压与减压下的沸点近似关系图。利用该图可以找出某一物质在某压力下的沸点近似值。

例如，某化合物在常压下的沸点为200℃，若减压至4.0kPa（30mmHg），求它的沸点。首先在图中间的直线上找出相当于200℃的点，将此点与右边曲线上4.0kPa（30mmHg）点连成一直线，延长此直线与左边的直线相交，交点所示的温度就是4.0kPa（30mmHg）时该化合物的沸点，约为100℃。

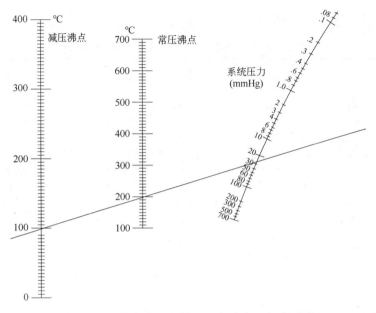

附图 2　液体在常压与减压下的沸点近似关系图

七、液体折射率随温度变化的经验公式

$$n_D^T = n_D^t + 4 \times 10^{-4} \times (t - T)$$

式中　n_D^T ——T 温度下的折射率；

n_D^t ——t 温度下的折射率。

八、乙醇-水溶液相对密度与乙醇质量百分数的关系

附表 10　乙醇-水溶液相对密度（20℃、28℃、30℃）与乙醇质量百分数关系

乙醇质量百分数/%	相对密度			乙醇质量百分数/%	相对密度		
	20℃	28℃	30℃		20℃	28℃	30℃
0	0.9982	1.0047	1.0064	11	0.9805	0.9849	0.9860
1	0.9964	1.0029	1.0045	12	0.9791	0.9831	0.9841
2	0.9945	1.0011	1.0027	13	0.9778	0.9813	0.9822
3	0.9928	0.9993	1.0009	14	0.9764	0.9795	0.9803
4	0.9910	0.9974	0.9990	15	0.9751	0.9777	0.9784
5	0.9894	0.9956	0.9972	16	0.9739	0.9760	0.9765
6	0.9878	0.9938	0.9953	17	0.9726	0.9742	0.9746
7	0.9863	0.9920	0.9935	18	0.9713	0.9724	0.9726
8	0.9848	0.9902	0.9916	19	0.9700	0.9706	0.9707
9	0.9833	0.9884	0.9897	20	0.9686	0.9687	0.9688
10	0.9819	0.9867	0.9879	21	0.9673	0.9669	0.9668

乙醇质量 百分数/%	相对密度			乙醇质量 百分数/%	相对密度		
	20℃	28℃	30℃		20℃	28℃	30℃
22	0.9659	0.9651	0.9649	62	0.8865	0.8816	0.8804
23	0.9645	0.9632	0.9629	63	0.8842	0.8793	0.8781
24	0.9631	0.9614	0.9609	64	0.8818	0.8770	0.8758
25	0.9617	0.9595	0.9590	65	0.8795	0.8747	0.8735
26	0.9602	0.9576	0.9570	66	0.8771	0.8723	0.8712
27	0.9587	0.9557	0.9550	67	0.8748	0.8700	0.8688
28	0.9571	0.9538	0.9530	68	0.8724	0.8676	0.8665
29	0.9555	0.9519	0.9510	69	0.8700	0.8653	0.8641
30	0.9538	0.9500	0.9490	70	0.8677	0.8629	0.8617
31	0.9521	0.9480	0.9470	71	0.8653	0.8605	0.8593
32	0.9504	0.9461	0.9450	72	0.8629	0.8581	0.8569
33	0.9486	0.9441	0.9429	73	0.8605	0.8557	0.8545
34	0.9468	0.9421	0.9409	74	0.8581	0.8533	0.8521
35	0.9449	0.9401	0.9389	75	0.8556	0.8508	0.8496
36	0.9431	0.9381	0.9368	76	0.8532	0.8484	0.8472
37	0.9411	0.9360	0.9348	77	0.8508	0.8459	0.8447
38	0.9392	0.9340	0.9327	78	0.8484	0.8434	0.8422
39	0.9372	0.9319	0.9306	79	0.8459	0.8410	0.8397
40	0.9352	0.9299	0.9285	80	0.8434	0.8384	0.8372
41	0.9331	0.9278	0.9264	81	0.8410	0.8359	0.8347
42	0.9311	0.9257	0.9243	82	0.8385	0.8334	0.8321
43	0.9290	0.9236	0.9222	83	0.8360	0.8309	0.8296
44	0.9269	0.9215	0.9201	84	0.8335	0.8283	0.8270
45	0.9247	0.9193	0.9180	85	0.8310	0.8257	0.8244
46	0.9226	0.9172	0.9158	86	0.8284	0.8231	0.8218
47	0.9204	0.9150	0.9137	87	0.8258	0.8205	0.8192
48	0.9182	0.9129	0.9116	88	0.8232	0.8179	0.8166
49	0.9160	0.9107	0.9094	89	0.8206	0.8153	0.8139
50	0.9138	0.9085	0.9072	90	0.8180	0.8126	0.8113
51	0.9116	0.9064	0.9050	91	0.8153	0.8099	0.8086
52	0.9094	0.9042	0.9029	92	0.8126	0.8072	0.8059
53	0.9071	0.9019	0.9007	93	0.8098	0.8045	0.8031
54	0.9049	0.8997	0.8984	94	0.8071	0.8017	0.8004
55	0.9026	0.8975	0.8962	95	0.8043	0.7990	0.7976
56	0.9003	0.8953	0.8940	96	0.8014	0.7962	0.7949
57	0.8980	0.8930	0.8918	97	0.7985	0.7934	0.7921
58	0.8957	0.8908	0.8895	98	0.7955	0.7905	0.7893
59	0.8934	0.8885	0.8873	99	0.7924	0.7876	0.7864
60	0.8911	0.8862	0.8850	100	0.7893	0.7847	0.7836
61	0.8888	0.8839	0.8827				

九、洗衣粉的物化指标

洗衣粉国家推荐性标准，GB/T 13171.1—2009《洗衣粉（含磷型）》和 GB/T 13171.2—2009《洗衣粉（无磷型）》，规定了相应洗衣粉的物理化学指标和使用性能指标，主要包括：总活性物、游离碱、pH、表观密度、总五氧化二磷以及对规定污布的去污力，如附表 11 所示。

附表 11 洗衣粉的物化指标

项目	含磷洗衣粉（HL）			无磷洗衣粉（WL）		
	普通型 HL-A 型	浓缩型 HL-B 型		普通型 WL-A 型	浓缩型 WL-B 型	
		I	II		I	II
表观密度/（g/cm^3） ≥	0.3	06		0.3	06	
总活性物含量/% ≥	10	10	20	13	13	20
其中：非离子型表面活性剂的质量分数/% ≥	—	6.5	—	—	8.5	—
总五氧化二磷（P_2O_5）质量分数%	≥8.0	≥8.0		≤1.1	≤1.1	
游离碱（以 NaOH 计）质量分数/% ≤	8	10.5		10.5	10.5	
pH（25℃，1%溶液） ≤	10.5	11		11	11	
对规定污布的去污力[①][②] ≥	标准洗衣粉去污力（P≥1.0）					

① 规定污布为：JB01、JB02、JB03。

② 试验溶液浓度为：标准粉 0.2%，HL-A 型粉 0.2%，HL-B 型粉 0.1%。

【相关名词解释】

活性物：活性物为洗衣粉中最重要的成分，它具有降低水的表面张力、渗透、浮化、增溶等作用，使污垢从衣物上松开、剥离、进入到水中。

游离碱和 pH：碱性对提高洗衣粉的去污能力是有帮助的，但碱性过高对人体皮肤或造成损伤，因此，在洗衣粉标准中，通过游离碱和 pH 两个指标对其加以限制。

表观密度：表观密度反映了单位体积的重量，即单位体积所含物质的多少。值得说明的是：普通粉是空心颗粒，表观密度低，而浓缩粉是实心的，表观密度是普通粉的一倍。

总五氧化二磷：根据是否添加磷酸盐助剂（易导致水体富营养化），洗衣粉分为含磷洗衣粉（HL）和无磷洗衣粉（WL）。该项指标区分了含磷和无磷洗衣粉。从 2010 年洗衣粉调查结果看，我国洗衣粉市场以无磷产品为主。

规定污布的去污力：洗衣粉的去污能力是洗衣粉的主要性能指标。国标中规定了三种标准污布，即炭黑油污布 JB-01、蛋白污布 JB-02、皮脂污布 JB-03。同时测定样品洗衣粉和一种标准洗衣粉（参比洗衣粉）对标准污布的去污力，再求得去污比值（P）来衡量和评价洗衣粉综合去污性能，样品洗衣粉的去污力比值 P 越大，表明去污力越强，洗涤效果越好。

需要着重说明的是：浓缩洗衣粉的测试浓度为 0.1%，普通洗衣粉测试浓度为 0.2%，即：浓缩洗衣粉的用量（质量）是普通洗衣粉的一半。若结合表观密度指标，则浓缩洗衣粉的用量（体积）是普通洗衣粉的四分之一。

十、衣料用液体洗涤剂的感官和理化指标

附表 12　衣料用液体洗涤剂的感官、理化指标（QB/T 1224—2012）

项目			指标要求				
			洗衣液		丝毛洗涤液		衣领、袖口预洗剂
			普通型	浓缩型	普通型	浓缩型	
感官指标	外观		不分层、无明显悬浮物（加入均匀悬浮颗粒组分的产品除外）或沉淀、无机械杂质的均匀液体				
	气味		无异味、符合规定香型				
理化指标	稳定性	耐热	在 40℃±2℃ 下保持 24h，恢复至室温后与实验前无明显变化				
		耐寒	在 −5℃±2℃ 下保持 24h，恢复至室温后与实验前无明显变化				
	总活性物/% ≥		12	25	12	25	6
	pH（25℃，1%水溶液）		≤10.5		4.0~8.5		≤10.5
	总五氧化二磷/% ≤		1.1（对无磷产品要求）				

附表 13　衣料用液体洗涤剂的性能指标

项目	洗衣液		丝毛洗涤液		衣领、袖口预洗剂
	普通型	浓缩型	普通型	浓缩型	
对规定污布（JB-01、JB-02、JB-03）的去污力	≥标准洗衣液的去污力		≥标准洗衣液的去污力		≥标准洗衣液的去污力

实验溶液浓度：标准洗衣液 0.2%，普通型样品 0.2%，浓缩型样品 0.1%，衣领、袖口预洗剂样品 0.2%。

去污力评价：洗衣液要通过对三种规定污布的去污实验，丝毛洗涤液至少要通过对 JB-01 污布的去污实验，衣领、袖口预洗剂要通过对三种规定污布中任意两种的去污实验。

十一、餐具洗涤剂的理化指标

附表 14　手洗型餐具洗涤剂的理化指标（GB 9985—2000）

项　目	指　标
总活性物含量/%	≥15
pH（25℃，1%溶液）	4.0~10.5
去污力	不小于标准餐具洗涤剂

续表

项　目	指　标
荧光增白剂	**不得检出**
甲醇/(mg/g)	≤1
甲醛/(mg/g)	≤0.1
砷（1%溶液中以砷计）/(mg/kg)	≤0.05
重金属（1%溶液中以铅计）/(mg/kg)	≤1

注：本表中黑体字为强制性指标。

十二、洗发液的感官、理化和卫生指标

附表 15　洗发液感官、理化、卫生指标（GB/T 29679—2013）

指标名称		指标要求	
		洗发液	洗发膏
感官指标	外观	无异物	
	色泽	符合规定色泽	
	香气	符合规定香气	
理化指标	耐热	40℃±1℃下保持 24h，恢复至室温无分层现象	40℃±1℃下保持 24h，恢复至室温无析水现象
	耐寒	-8℃±2℃下保持 24h，恢复至室温无分层现象	-8℃±2℃下保持 24h，恢复至室温无析水现象
	pH（25℃）	成人产品：4.0~9.0 儿童产品：4.0~8.0	4.0~10.0
	泡沫（40℃）/mm	透明型≥100 非透明型≥50 儿童产品≥40	≥100
	有效物含量/%	成人产品≥10.0 儿童产品≥8.0	—
	总活性物含量/%（以 100%月桂醇硫酸钠计）	—	≥8.0
卫生指标	菌落总数/(CFU/g 或 CFU/mL)	符合《化妆品卫生规范》的规定	
	霉菌和酵母总数/(CFU/g 或 CFU/mL)		
	粪大肠菌群/(g 或 mL)		
	金黄色普通球菌/(g 或 mL)		
	铜绿假单胞菌/(g 或 mL)		
	铅/(mg/kg)		
	汞/(mg/kg)		
	砷/(mg/kg)		

226

十三、洗手液的感官、理化和卫生指标

附表16　洗手液感官、理化、卫生指标（GB/T 34855—2017）

项　目		普通型	浓缩型
感官指标	外观	不分层、无明显悬浮物（加入均匀悬浮颗粒组分的产品除外）或沉淀、无明显机械杂质的均匀产品	
	气味	无异味	
理化指标①②	耐热：(40±2)℃，24h	恢复至室温后不分层，无沉淀，无异味和无变色现象，透明产品不浑浊	
	耐寒：(−5±2)℃，24h	恢复至室温后不分层，无沉淀，无变色现象，透明产品不浑浊	
	pH（25℃）	4.0~10.0	
	总有效物含量/%	≥7	≥14
	甲醛/(mg/kg)	≤500	

① 仅液体或膏状产品需测试稳定性，要求产品恢复至室温后与试验前无明显变化。

② pH测试浓度为1∶10（质量比）。

十四、不同温度下纯水的表面张力

附表17　不同温度下纯水的表面张力

温度/℃	γ/(mN/m)	温度/℃	γ/(mN/m)	温度/℃	γ/(mN/m)
0	75.62	20	72.75	40	69.56
5	74.90	21	72.60	45	68.74
10	74.20	22	72.44	50	67.90
11	74.07	23	72.28	60	66.17
12	73.92	24	72.12	70	64.41
13	73.78	25	71.97	80	62.60
14	73.64	26	71.80	90	60.74
15	73.49	27	71.64	100	58.84
16	73.34	28	71.47	−10	77.10
17	73.19	29	71.31	−5	76.40
18	73.05	30	71.18		
19	72.90	35	70.35		

Harkins经验公式：

$$\gamma = 75.796 - 0.145t - 0.00024t^2$$

式中　t——温度，℃。

附录二 仪器使用说明

一、数字式阿贝折光仪

阿贝折光仪可直接用来测定液体的折射率，定量分析溶液的成分，检定液体的纯度。同时，它也是物质结构研究工作的重要工具，例如：物质的摩尔折射率、摩尔质量、密度、极性分子的偶极矩等都可通过折光率数据得到。用阿贝折光仪测定折射率有许多优点，如所需样品量少、测量精度高、重现性好、测量方便等，所以阿贝折光仪是教学实验和科研工作中常用的光学仪器。

1. 数字式阿贝折光仪使用方法

（1）校正：阿贝折光仪必须定期进行校正。校正的方法是用一种已知折射率的标准液体（一般用纯水），按规定的操作方法进行测定，将测定平均值和标准值比较。如测量数据与标准值有偏差，可用工具通过色散校正手轮中的小孔，小心旋转里面的螺钉，使分划板上交叉线上下移动，然后再测量，反复进行直到测得的数据与标准值相同。

（2）恒温：用橡皮管将仪器上测量棱镜和辅助棱镜上保温夹套的进出水口与超级恒温槽串联起来。开启循环水，调节水浴温度，温度以折光仪上的温度计读数为准，一般控制测量温度为$(20\pm0.1)℃$或$(25\pm0.1)℃$。

（3）开机：打开仪器电源，此时仪器的显示窗口显示 0000。

（4）准备测试：打开折射棱镜部件，移去擦镜纸。检查上、下棱镜表面，用滴管滴加少量丙酮（或无水酒精）清洗镜面，必要时可用棱镜纸轻轻吸干镜面（用滴管时勿使管尖碰触镜面，测完样品后也必须仔细清洁两个镜面，但切勿用滤纸）。

（5）加样：滴加 1~2 滴试样于棱镜的工作面上，闭合进光棱镜。

（6）测定：旋转聚光照明部件的转臂和聚光棱筒，使上面的进光棱镜的进光表面得到均匀照明，同时旋转调节手轮，通过目镜观察使明暗分界线落在交叉线视野中。如果从目镜中看到的视野是暗的，可将调节手轮逆时针转动，如果是明亮的，则顺时针旋转。明亮区域在视野的顶部，在明亮视野下旋转目镜，视野中的交叉线最清晰。

旋转目镜方形缺口里的色散校正手轮，同时调节聚光镜位置，使视野中明暗两部分具有良好的反差和明暗分界线具有最小的色散。

旋转调节手轮，使明暗分界线准确对准交叉线的交点，读取仪器显示窗口显示的读数。

（7）清洗：测量结束后，必须用少量丙酮和擦镜纸清洗镜面，合上折射棱镜部件前须在两个棱镜之间放一张擦镜纸。

2．注意事项

（1）阿贝折光仪应置于干燥、空气流通和温度适宜的地方，以免仪器的光学零件受潮发霉。

（2）阿贝折光仪在使用前后及更换试样时，必须先清洗，擦净折射棱镜的工作表面。

（3）被测液体试样中不可含固体杂质，测试固体样品时应防止折射棱镜工作表面拉毛或产生压痕，严禁测试腐蚀性较强的样品。

（4）仪器应避免强烈振动或撞击，防止光学零件震碎、松动而影响精度。

（5）不要让阿贝折光仪被日光直接照射或靠近热的光源，以免影响测定温度。

（6）仪器不用时应用塑料罩将仪器盖上，或将仪器放入箱内，保持仪器的清洁。

（7）使用者不得随意拆装仪器，发生故障或达不到精度时，应及时送修。

二、WRS-1B 熔点仪

1．仪器用途及特点

根据物理化学的定义，物质的熔点是指该物质由固态变为液态时的温度。在有机化学领域中，熔点测定是辨认物质本性的基本手段，也是纯度测定的重要方法之一。因此，熔点测定仪在化学工业、医药研究中具有重要地位，是生产药物、香料、染料及其它有机晶体物质的必备仪器。

WRS-1B 型数字熔点仪采用光电检测，数字温度显示等技术，具有初熔、终熔自动显示等功能。温度系统应用了线性校正的铂电阻作检测元件，并用集成化的电子线路实现快速"起始温度"设定及八档可供选择的线性升温速率自动控制。熔点读数可自动贮存，具有无需人监视的功能。仪器采用药典规定的毛细管作为样品管。

2．主要技术参数和规格

（1）熔点测定范围：室温~300℃。

（2）"起始温度"设定速率：50℃至300℃，≤3min；300℃至50℃，≤5min。

（3）数字温度显示最小读数：0.1℃。

（4）线性升温速率：0.5℃/min，1℃/min，1.5℃/min，3℃/min，共四档。

（5）线性升温速率误差：<200℃时，10%；≥200℃时，15%。

（6）重复性：升温速率 1℃/min 时为 0.4℃。

（7）毛细管尺寸：内径，0.9~1.1mm；径厚，0.1~0.15mm；长度，120mm。

（8）电源：AC (220±22)V，(50±1)Hz。

（9）功率：100W。

（10）质量（净重）：20kg。

（11）RS232 接口：波特率 9600，1 位停止位，8 位数据位（有 RS232 接口指

WRS-1B）。

3. 操作步骤及使用方法

（1）开启电源开关，稳定 20 min。

（2）在此期间可将样品研磨 5~10min，并装填入毛细管（3~5mm，保持样品装填高度平齐）。

（3）用切换键切换，设定起始温度（比初熔点小 3℃）。

（4）按切换键至选择升温速率，输入升温速率（1℃/min）。

（5）等待实际温度升至起始温度，允许波动范围为±0.5℃，装入 3 个毛细管样品。

（6）按"升温"，开始测试。

（7）数分钟后，显示屏上显示初熔点和终熔点，读取并记录。

（8）若要进行下一组测试，请先输入起始温度，重复步骤（2）向下的操作。

注：用 RS232 电缆连接熔点仪和计算机，安装并执行随机所附的 WRS 程序，可实现测试过程结果的计算机显示。

4. 使用注意事项

（1）样品按要求焙干，在干燥和洁净的研钵中碾碎，用自由落体法敲击毛细管，使样品填结实，样品填装高度应不小于 3mm。同一批号样品高度应一致。以确保测量结果一致性。

（2）仪器开机后自动预置到 50℃，炉子温度高于或低于此温度都通过初始温度设定。

（3）达到起始温度附近时，显示"↑"光标 。

（4）设定起始温度时，切勿超过仪器使用范围，否则将损坏仪器。

（5）对某些样品，起始温度的高低对熔点测定结果是有影响的，应确定一定的操作规范。线性升温速率选 1℃/min，起始温度应比熔点低 3~5℃，速率选 3℃/min，起始温度应比熔点低 9~15℃，一般应通过实验确定最佳测试条件。

（6）线性升温速率不同，测定结果也不一致。要求制订一定的规范。一般速率越大，读数值越高。各档速率的熔点读数值可用实验修正值加以统一。未知熔点值的样品可先用快速升温或大的速率粗测，得到初步熔点范围后再精测。

（7）有参比样品时，可先测参比样品，根据要求选择一定的起始温度和升温速率进行比较测量，用参比样品的初、终熔读数作考查的依据。根据参比样品的标准熔点温度与测定值的偏差，对样品测定值加以修正。

（8）被测样品最好一次填装 6 根毛细管，分别测定后去除最大和最小值，取中间三个读数的平均值作为测定结果，以消除毛细管及样品制备填装带来的偶然误差。

（9）测完较高熔点样品后再测较低熔点样品，可直接用起始温度设定实现快速降温。

（10）毛细管插入仪器前，要用干净软布将外面的沾污物清除，否则日久后插座下面会积垢，导致无法检测。

5．仪器的维修及校验

（1）仪器应在干燥通风的室内使用，切忌沾水，防止受潮。仪器采用三芯电源插头，接地端应接大地，不能用中线代替。

（2）仪器使用的毛细管只允许是本厂提供的产品，切忌用手工拉制的毛细管代替，以防太紧而断裂，所用毛细管应经过挑选。

（3）遇到仪器毛细管断裂在管座内时，可先切断电源，待炉子冷却后用 1 mm 铜丝（仪器附件）插入断裂的毛细管中，然后慢慢提起，即可把断裂的毛细管取出，如果管座内还有玻璃碎屑，可将管座拔出。拔管座时，一手向下顶住电热炉，一手将黄铜管座向上提，切勿单提管座，否则受力不当会导致电热炉支承板损坏。将管内碎屑倒出或敲出，再按原来方向插入电热炉中，插入时要注意管座的缺口与电热炉的凸缘对齐。最后应对仪器进行检查，如遇不正常情况，应请厂方技术应用服务部修理。

（4）如果开机后初熔指示灯不亮，说明光源灯坏，可打开上盖更换灯泡，灯泡位置应调整到最佳位置，使光斑会聚在电热炉通光孔中心。

（5）准确度试验：按国家技术监督局（1989）335 号批准的 GBW13238 国家熔点标准物质进行准确度试验。本仪器选用其中三种：萘（终熔 81.00℃）、己二酸（终熔 152.89℃）、蒽醌（终熔 285.96℃）进行考核，升温速率选择 1.0℃/min 档，起始温度设定为比终熔值低 5℃，依法测定 5 次，删除最大值和最小值，取其余三个数的平均值作为测定结果，偏差应小于规定范围。

6．常见故障及处理方法

附表 18　WRS-1B 熔点仪常见故障及处理方法

故障现象	原因分析	排除方法
开机后面板无反应	电源未接通	插好电源插头或合上总开关
开机后初熔指示灯不亮	上一次样品毛细管未拔除 熔化光源灯泡损坏	拔出样品毛细管 打开上盖更换光源灯泡
各操作单元功能失效	程控加热系统损坏	送制造厂检修
熔点结果不准	铂电阻位置走动 电热炉炉芯有垃圾	复位、紧定铂电阻 经常清洗
重复性不良	装样不一致 毛细管尺寸不一致 样品纯度太差	严格装样规范 挑拣尺寸一致的 用高纯度样品确认仪器正常

三、RHLQ-Ⅱ立式去污测定仪

1. 主要用途及工作原理

RHLQ-Ⅱ型立式去污测定仪主要用于洗涤剂研究、检测机构和生产厂家对洗涤剂去污能力的评价、进行再沉积试验以及用于产品质量控制等方面。它的洗涤方式类同于家用波轮式洗衣机，由六个工作单元组成，通过圆弧齿同步带动六根搅拌叶轮作往复式旋转，更为切合实际洗涤条件。每个洗涤单元在相同的条件下同时进行工作，其测试结果准确、合理。

2. 结构说明

该机器外形为台式，适于放置在工作台或试验桌上，六根工作主轴垂直于台面平行排列，敞开式工作状态便于操作者随时观察洗涤情况。恒温水浴槽位于设备前下方，上面盖不锈钢工作台面板，工作时与不锈钢制洗杯构成封闭的循环水浴槽。主传动机构位于设备后上方，仪表、电气控制组装成一体，置于设备右上角，所有按钮和仪表都集中在一块操作面板上。框架采用结构方管组焊而成，板式组合铝合金外壳，便于维修和维护。

3. 技术参数

工作电压：220V、50Hz/60Hz；　　　　电机功率：0.37kW；

转速范围：30~200r/min；　　　　　　加热功率：1kW×2；

温度误差：±0.5℃；　　　　　　　　　控温范围：0~80℃；

压缩机功率：145W×2；　　　　　　　工作单元：6个；

外形尺寸：1220mm×535mm×720mm；　重量：120kg。

4. 操作方法

（1）测定前先把搅拌叶轮、工作槽、去污浴缸一一编号固定组成一个"工作单元"，并使仪器在 30℃±1℃ 下预热稳定一段时间。

（2）试验时将配制好的试液（事先已预热到30℃）1L 倒入对应的去污缸内，将浴缸放入所对应的位置并安装好搅拌叶轮，调节温度使在 30℃±1℃，把预先测过白度的试片做好标记，分别放入去污浴缸内，启动搅拌，并保持搅拌速度 120r/min，洗涤 20min 停止。

（3）取出缸中的试片，合并倒入漂洗器内桶中，沥干水分，放进漂洗器，倒入 1500mL 自来水，盖上盖子，转动盖子上的手柄，使内桶转动约 30s 后停止，放掉漂洗后的水，重复两次。对试片手工脱水 15s（转速约 1800r/min）后，取出晾干。

（4）对晾干后的试片进行白度测定（方法同前），以一一对应的方式，计算每个试片洗涤前后的白度差（F_2-F_1），并对每组试片，分别在置信度90%下进行 Q 值检验，对可疑值进行取舍。每组试片，舍去的数据不可超过 1，否则数据不可信。

232

四、WSD-3C 型白度仪

1．设备仪器
包括校准白板、黑筒、全自动白度仪（WSD-3C）。

2．测量操作方法
（1）开机：液晶显示"please waiting…"，仪器面板上的七个红色发光二极管闪烁大约十秒钟，然后仪器发出蜂鸣声，自动进入到调零状态。

（2）调零：当液晶显示器显示"Adjust zero"字样，右侧的符号■■■■闪烁，并且调零指示灯亮时，可进行调零操作。左手把测试台轻轻压下，右手将调零用的黑筒放在测试台上，对准光孔压住，按执行键调零，仪器开始调零。听到蜂鸣声时，提示调零结束。

（3）调白：调零结束后，仪器显示"Standard"字样，右侧的符号■■■■闪烁，同时标准灯亮，提示可进行校对标准（调白）操作。将黑筒取下，放上标准白板，对准光孔压住，按动执行键，仪器开始调白。当仪器发出蜂鸣声时，调白操作结束，进入允许测试状态。

（4）测量样品：调白结束后，仪器显示"Sample"字样，右边的符号■■■■闪烁，同时样品灯亮，提示可进行样品测量。将准备好的目标样品放到测试台上，对准光孔压住，直接按执行键即可测定其白度值。当按下执行键后，液晶显示器右边显示"1"表明进行第一次测量，当蜂鸣器响时，指示测试结束，显示器又恢复到等待测试状态。如果再次按下执行键，则仪器再次进行测试，显示的测量次数为"2"，依此类推，最多可测定 9 次。其测试结果将与上几次测试的结果合并作算术平均值运算，直接按下显示键，显示所测次数的总平均值。连续按显示键可显示所有各组数据，按打印键可直接打印出显示的测定结果。

（5）多个样品测定：只需按下"复位"（RESET）键或"样品"键，仪器又显示"Sample"字样，同时样品灯亮。放入新样品，重复以上步骤，即可测多个样品。

3．注意事项
（1）为了保证测量结果正确，测量前要事先准备好被测样品，样品的面积一定要大于探测头的出光孔径。试样的表面一定要平整。

（2）在测量过程中，如果发现数据偏差大，则应重新调零或调白。

五、SP-1500 实验型喷雾干燥机

1．适用范围
本机主要适用于实验室将液状物料直接转化为微细粉末，必要时需在干燥前对物料进行过滤、浓缩和研磨，对所有溶液以及乳浊液、悬浮液具有广谱适用性。

2．安装说明

（1）干燥室的安装，用双手将干燥室托住，然后插入干燥室固定卡箍（置于白色 PTFE 垫块上），稍锁螺母手柄，不要完全锁紧。

（2）旋风分离器的安装，将旋风分离器锁紧螺母、密封圈及不锈钢垫片套入旋风分离器的出风管上，然后一起插入设备出风管中，调节干燥室出风口与旋风分离器进风口的位置，使两口平齐，用卡箍将两个口连接起来，最后锁紧旋风分离器的锁紧螺母和干燥腔的锁紧螺母。

（3）用连接卡箍将集料瓶和旋风分离器连接起来。

（4）用连接卡箍将集料管和干燥室连接起来。

（5）将喷雾腔安装到设备上，连接 4mm 蓝色气管（通针用）和 6mm 白色硅胶管（喷雾用）。

（6）安装食品级硅胶管至蠕动泵上，并插入喷雾腔进料口。

注意：所有玻璃器皿都为易碎品，安装和清洗时注意小心轻放；应在确认所有的部件都已安装就位后再通电操作。

3．人机界面操作说明

启动设备显示"界面（一）"，如附图 3 所示。可通过点击英文进入英文界面，或点击中文，进入中文界面，如附图 4 所示"界面（二）"。进入此界面后，点击参数进入附图 5 所示的"界面（三）"，点击流程画面，进入附图 6 所示"界面（四）"，点击公司画面则回到界面（一）。

附图 3　SP-1500 喷雾干燥设备开机界面（一）

（1）风机启动/停止：点击风机按钮，控制风机的运行或停止，运行时显示"ON"，停止时显示"OFF"。

（2）加热器启动/停止：点击加热器按钮，控制加热器的运行或停止，运行时显示"ON"，停止时显示"OFF"，启动加热器之前必须先启动风机。

234

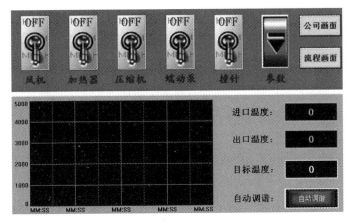

附图 4　SP-1500 喷雾干燥设备界面（二）

附图 5　SP-1500 喷雾干燥设备界面（三）

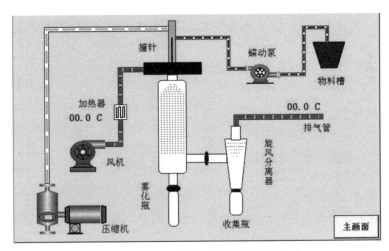

附图 6　SP-1500 喷雾干燥设备界面（四）

（3）压缩机启动/停止：点击空压机按钮，控制空压机的运行或停止，运行时显示"ON"，停止时显示"OFF"。

（4）蠕动泵启动/停止：点击蠕动泵按钮，控制蠕动泵的运行或停止，运行时显示"ON"，停止时显示"OFF"。

（5）撞针启动/停止：点击撞针按钮，控制撞针的运行或停止，运行时显示"ON"，停止时显示"OFF"。

（6）目标温度：设定进风温度，按动数值框，弹出数字键盘，按"CE"键将数字清零，然后输入所需的值，按确定键修改完毕。

（7）进口温度显示值：显示进风温度的实际值。

（8）出口温度显示值：显示出风温度的实际值。

（9）自动调谐：当进口温度和目标温度相差较大、不稳定时，需要按下自动调谐按钮，一般当一个目标温度是第一次使用时均需使用一下该功能。

（10）实时曲线图：实时显示温度变化。

注： 在风机没启动之前加热器是不会启动的，关闭风机加热器自动断开。

（11）撞针间隔时间： 设定撞针的运行频率，数值代表几秒钟启动一次，按动数值框，弹出数字键盘，按 CE 键将数字清零，然后输入所需的值，按确定键修改完毕（一般设定值在 3~5）。

（12）物料流量设定：设定蠕动泵的进料量（mL/h），按动数值框，弹出数字键盘，按 CE 键将数字清零，然后输入所需的值，按确定键修改完毕（设定范围 300~1500）。

（13）撞针执行时间：设定撞针动作的持续时间，数值代表撞针持续几秒，按动数值框，弹出数字键盘，按 CE 键将数字清零，然后输入所需的值，按确定键修改完毕（一般设定值在 2~3）。

（14）风机频率设定：设定分机的转动频率，按动数值框，弹出数字键盘，按 CE 键将数字清零，然后输入所需的值，按确定键修改完毕（一般设定值在 40~60）。

（15）在界面四可以观看整个设备的运作流程。

4．开机步骤

（1）按照安装说明将各部件安装好。

（2）按下设备的绿色启动按钮，启动电源。

（3）进入界面（二）后启动风机，启动空压机。

（4）设定目标温度，启动加热器。

（5）待进风温度达到目标值时，开启蠕动泵。

（6）观察物料雾化及温度变化情况，重新设定风机进风量、进风温度，待温度稳定后进料。

5．停机步骤

（1）当物料用完后，进水将胶管内的物料全部喷完（约 5min），再关闭蠕动泵。

（2）关闭空压机。

（3）关闭加热器。

（4）待约 10min 后，关闭风机

注：必须进行步骤（4），以给加热器降温，延长其使用寿命。

（5）取下集料瓶，将物料收集到其它容器中。

（6）关闭电源，拔下电源插头。

（7）待容器完全冷却后取下清洗。

（8）将喷嘴拆开清洗，洗好后先装通针，然后再装喷嘴。

运行数次后请打开后机箱盖，将压缩机储气罐下后的排水阀打开，将里面的水排掉，然后再将阀关上，装上机箱盖。

六、GC7090 Ⅱ 气相色谱仪

1．开机操作

（1）打开氮气钢瓶，调节钢瓶压力为 0.3MPa。

（2）打开氢气钢瓶，调节钢瓶压力为 0.2MPa。

（3）打开空气发生器电源开关，打开净化器开关。

（4）打开电脑、主机电源。

（5）打开电脑工作站，电脑和色谱主机自动连接。

（6）右击"项目"、设置为"当前项目"调用方法。

（7）待气相主机达到设定温度后，进行点火操作。

2．点火操作

（1）将氢气调至 0.15~0.2MPa，空气压力调至 0.05MPa。

（2）用电子打火枪对准点火口进行点火，点完后将一块金属例如扳手放置于点火口，查看是否点着火（有水汽生成则表示点着火，没有则重复上述动作，长时间不用时点火比较困难，建议让仪器处于上述状态多通氢气，置换原管路内的其它气体）。

（3）点火完成后，将氢气压力、空气压力均调至 0.1MPa，此时再次查看点火是否成功。

（4）TCD 加电流操作。

（5）查看过载灯是否亮后，按"复位"，使灯熄灭，按加电流开关。

（6）待主机预热 0.5~1h 后和基线稳定后开始进样，按"启动"记录数据。

（7）数据完成后进行数据处理。

（8）处理完毕后，点击报表，点击打印，或者右击生成 PDF 报表带走。

3．关机操作

（1）右击"关机"项目、设置为"当前项目"调用关机方法，对仪器进行降温。

（2）待实测检测器、进样器降温至 100℃以下、柱箱 50℃以下，即可关闭色谱工作站和气相主机电源。

（3）关闭净化器、再关闭各钢瓶总阀。

（4）关闭空气发生器、打开排水开关泄压、压力表降温至零后，关闭排水开关。

（5）关闭电脑，关闭稳压电源。

4．日常维护

（1）钢瓶气总压低于 1MPa 时，或者钢瓶分压<0.6MPa 时，需要更换钢瓶气。

（2）进样器内的注样垫为日常耗材，需要定期更换（一般使用 100 次左右需要更换）。

（3）仪器定期开机（2 周左右），调用设备老化项目、正常点火、对仪器进行老化、去除仪器系统内的污染物（主要老化色谱柱）。

（4）气相主机使用过程中不能打开柱箱。

5．常见故障排除

（1）进样不出峰，样品未进入气相主机内，即进样垫或者注样垫漏气，或者火焰熄灭，或者色谱条件不合适；换针、换注样垫、重新点火、重新选条件。

（2）点不着火。氮气（尾吹气）、氢气、空气三者气体比列异常，即氢气不纯或者流量不足或者氮气量太大。

（3）系统杂质多、基线杂峰多，可能是系统内高沸物滞留于仪器内部，建议高温下老化仪器、使高沸物跑出。

（4）温度异常，联系售后、辅助判断问题点。

七、MB-104 型红外分光光度计

（1）开机：打开红外分光光度计电源开关，预热，打开电脑。

（2）上样：对固体样，取样品少许加一定比例的溴化钾于玛瑙研钵中研磨，装入模具压片，在压力为 15MPa 下，保持 5min，脱模取出样品，将样品放在固体样品池上；对液体样，取少量液体样品均匀地涂在盐片上，将涂有样品的盐片放在样品池上。

（3）光谱扫描：打开灯电源，点击 GRAMS AI 图标，进入红外分光光度计软件。

（4）背景扫描：点击 Collect→Collect→Background.spc→进入自己的文件夹并输入文件名保存→background→Ok Collect，得到背景图。

（5）样品图谱扫描：将样品放在仪器的样品夹上，点击 Collect→Collect→Normal→%Trans→输入样品名→Ok Collect，得到样品的红外光谱图。

（6）图谱后处理：点击 Edit→Peak picker→Show peak marks for all traces→选择合适的参数，给图谱标峰。若需要打印点击 File→print。

（7）结束：将盐片或研钵擦洗干净，收拾桌面。关闭主机上的灯电源和电脑。

八、Bruker D8 X 射线衍射仪

1．开机顺序

（1）先打开水冷机的电源，等显示屏显示数字，按"Run"启动水冷机；

（2）检查稳压电源是否开启；

（3）按仪器右端绿色小按钮启动 XRD 仪器，等待 4 个灯亮变为 2 个灯亮；

（4）顺时针旋转仪器右端的黑色旋钮，待灯闪三下后松手，高压开启，"Ready"灯亮，仪器的 4 个顶灯亮，此时可发射出 X 光；

（5）打开计算机。

2．测试流程

（1）若仪器 5 天以上不用，需进行一小时光管的老化，具体流程为：

打开高压发生器→进入 D8 Tools 软件→点击"Online status"（refresh 图标）进行联机→点击"X Ray Generator"→点击"Utilities"菜单；

点击"Ray"子菜单→点击"Tube Condition on/off"子菜单→电压从 20kV 升到 50kV，然后降到 20kV，此过程需大约 1h→再点击"Tube Condition on/off"，则光管老化完毕。

（2）点击"XRD Commander"测试软件，进入"Adjust"菜单，先将电压慢慢升到 40kV，再将电流慢慢升到 40mA；将 Tube，Detector 打勾，然后点击"Init Divers"初始化一下。

（3）制样：用酒精棉球擦拭样品架内孔，待酒精挥发完后，加样（粉末样品要用载玻片压平，固体样品以一个平面朝上，放置在样品架内孔中间，纤维状样品填满样品架内孔或把好多纤维排成一排粘在玻璃片上或双面胶上，液体可直接滴加到样品架内孔）；将样品架小心地放置于样品台上，不要污染样品台，将仪器门关上。

（4）选择参数：开始角度"start"（必须在 3°以上，填完角度请核实，不然会损坏仪器，一般在 10°以上）；结束角度"stop"（一般小于 90°，特殊情况可以做到 120°以内）；扫描速度"scan speed"（0.1~0.5sec/step，一般 0.3）；步长一般 0.02°；扫描类型"scan type（locked coupled）"；输入样品名。

（5）点击"Start"开始测试，手动停止按"Stop"；测试完毕后按"Save"保存数据。

（6）可以采用任务测量"jobs"，可以自动保存数据。

3．关机顺序

（1）电流慢慢降到 5mA，电压慢慢降到 20kV，关软件，关计算机。

（2）关高压，逆时针旋转机器右端黑色旋钮，灯灭松手。

（3）等待 10 min，关仪器右端红色小按钮，关掉仪器

注："Stop"红色大按钮是紧急按钮，平时不用，发生故障时使用。

（4）关水冷机"Stop"按钮和电源开关。

4．结果分析（打开 Eva 分析软件）

（1）图形拷贝和数据导出：将所保存的文件打开，点击"print preview"，点击"copy picture to clipboard"，将图拷贝到写字板；使用"File Exchange"和"Raw File Exchange"软件可将图形文件的数据导出，纵坐标可以选择 counts 或者 cps。

（2）图形优化：①点击工具栏"ToolBox"图标，按"Scan"菜单；②先扣除 Cu 的 $K\alpha_2$ 峰，按"Strip $K\alpha_2$"，Intensity Ration 0.5，进行 Replace；③寻峰 Peak search，按"Default"，"Append to list"（可删除峰位，加峰位）；④执行扣背景，将"Subtract from scan"打勾，进一步优化再将"Enhance"或"Bezier"打勾，进行 Replace；⑤按"Peak"菜单，点击"Drop Selection on Scan"，按"Ctrl+A"选定全部峰，按"Scan"扣除背景强度；⑥在"Scan"菜单下按"Fourier"使图形平滑，进行 replace。

（3）物相分析/寻卡片：可以将样品图谱和 PDF 卡片标准图谱进行比较，首先扣背景，将"Subtract from scan"打勾；点击工具栏"search/match"图标，选择元素进行寻卡片；将样品图谱和所示卡片进行比对。

（4）可以得到检出峰的具体信息：点击工具栏"ToolBox"图标，按"Area"菜单，按"Create"将重要峰位框出，可以得到积分面积（Raw area：总面积，Net area：扣除背景后的面积）、半高宽（FWHM，需 strip $K\alpha_2$）等重要信息。

5．注意事项

（1）24h 开启空调，保持温度为 25℃，24h 开启除湿机。

（2）半年换一次水冷机的蒸馏水，不然会影响光管使用寿命。

（3）水流显示小于 3.6L/min 就要换水；平时观察仪器后端的转轮是不是转得顺畅，要多用仪器，以免生霉菌，最好每半年开仪器后盖换水一次。

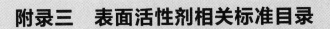

一、常用国家标准

GB 8372—2008	牙膏
GB 9985—2000	手洗餐具用洗涤剂
GB 19877.1—2005	特种洗手液
GB 19877.2—2005	特种沐浴剂
GB 19877.3—2005	特种香皂
GB 22115—2008	牙膏用原料规范
GB/T 29679—2013	洗发液、洗发膏
GB/T 29680—2013	洗面奶、洗面膏
GB/T 34855—2017	洗手液
GB/T 13171.1—2009	洗衣粉（含磷型）
GB/T 13171.2—2009	洗衣粉（无磷型）
GB/T 21241—2007	卫生洁具清洗剂
GB/T 24691—2009	果蔬清洗剂
GB/T 13173—2008	表面活性剂　洗涤剂试验方法
GB/T 13174—2008	衣料用洗涤剂去污力及循环洗涤性能的测定
GB/T 15816—1995	洗涤剂和肥皂中总二氧化硅含量的测定——重量法
GB/T 15817—1995	洗涤剂中无机硫酸盐含量的测定——重量法
GB/T 16801—1997	织物调理剂抗静电性能的测定
GB/T 16801—2013	织物调理剂抗静电性能的测定
GB/T 22730—2008	牙膏中三氯甲烷的测定——气相色谱法
GB/T 26396—2011	洗涤用品安全技术规范
GB/T 26398—2011	衣料用洗涤剂耗水量与节水性能评估指南
GB/T 28201—2011	合成洗衣粉生产能耗评定规范
GB/T 5173—1995	表面活性剂和洗涤剂阴离子活性物的测定——直接两相滴定法
GB/T 5174—2004	表面活性剂洗涤剂阳离子活性物含量的测定
GB/T 5178—2008	表面活性剂工业直链烷基苯磺酸钠平均相对分子质量的测定——气液色谱法
GB/T 5549—2010	表面活性剂用拉起液膜法测定表面张力
GB/T 5550—1998	表面活性剂分散力测定方法

GB/T 5551—2010	表面活性剂分散剂中钙、镁离子总含量的测定方法
GB/T 5553—2007	表面活性剂防水剂防水力测定法
GB/T 5555—2003	表面活性剂耐酸性测试法
GB/T 5556—2003	表面活性剂耐碱性测试法
GB/T 5558—1999	表面活性剂丝光浴用润湿剂的评价
GB/T 5559—2010	环氧乙烷型及环氧乙烷环氧丙烷嵌段聚合型非离子表面活性剂浊点的测定
GB/T 5560—2003	非离子表面活性剂聚乙二醇含量和非离子活性物（加成物）含量的测定——Weilbull法
GB/T 5561—2012	表面活性剂用旋转式粘度计测定粘度和流动性质的方法
GB/T 6365—2006	表面活性剂游离碱度或游离酸度的测定——滴定法
GB/T 6366—2012	表面活性剂无机硫酸盐含量的测定——滴定法
GB/T 6367—2012	表面活性剂已知钙硬度水的制备
GB/T 6368—2008	表面活性剂水溶液pH值的测定——电位法
GB/T 6369—2008	表面活性剂乳化力的测定——比色法
GB/T 6370—2012	表面活性剂阴离子表面活性剂水中溶解度的测定
GB/T 6371—2008	表面活性剂纺织助剂洗涤力的测定
GB/T 6372—2006	表面活性剂和洗涤剂样品分样法
GB/T 6373—2007	表面活性剂表观密度的测定
GB/T 7378—2012	表面活性剂碱度的测定——滴定法
GB/T 7381—2010	表面活性剂在硬水中稳定性的测定方法
GB/T 7383—2007	非离子表面活性剂羟值的测定
GB/T 7385—2012	非离子型表面活性剂聚乙氧基化衍生物中氧乙烯基含量的测定——碘量法
GB/T 7462—1994	表面活性剂发泡力的测定——改进RossMiles法
GB/T 7463—2008	表面活性剂钙皂分散力的测定——酸量滴定法（改进Schoenfeldt法）
GB/T 7494—1987	水质阴离子表面活性剂的测定——亚甲蓝分光光度法
GB/T 9104—2008	工业硬脂酸试验方法
GB/T 9290—2008	表面活性剂工业乙氧基化脂肪胺分析方法
GB/T 10661—2010	荧光增白剂VBL（C.I.荧光增白剂）
GB/T 12028—2006	洗涤剂用羧甲基纤维素钠
GB/T 20198—2006	表面活性剂和洗涤剂在碱性条件下可水解和不可水解阴离子活性物的测定
GB/T 20199—2006	表面活性剂工业烷烃磺酸盐烷烃单磺酸盐含量的测定（直接两相滴定法）

GB/T 22237—2008	表面活性剂表面张力的测定
GB/T 24692—2009	表面活性剂家庭机洗餐具用洗涤剂性能比较试验导则
GB/T 26388—2011	表面活性剂中二噁烷残留量的测定——气相色谱法
GB/T 28191—2011	表面活性剂洗涤剂对酸解稳定的阴离子活性物痕量的测定
GB/T 28192—2011	表面活性剂洗涤剂在酸性条件下可水解和不可水解的阴离子活性物的测定
GB/T 28193—2011	表面活性剂中氯乙酸（盐）残留量的测定

二、常用行业标准

QB/T 1994—2013	沐浴剂
QB/T 1224—2012	衣料用液体洗涤剂
QB/T 4531—2013	水垢去除剂
QB/T 4535—2013	织物柔顺剂
QB/T 4532—2013	硬质地板清洗剂
QB/T 4526—2013	地毯清洗剂
QB/T 4524—2013	宠物用清洁护理剂
QB/T 4525—2013	汽车清洗剂
QB/T 4527—2013	工业清洗术语
QB/T 4528—2013	工业洗衣用乳化剂
QB/T 4529—2013	工业洗衣用洗涤剂
QB/T 2152—2013	工业氢化油
QB/T 1429—2013	工业烷基磺酸钠
QB/T 2345—2013	脂肪烷基二甲基甜菜碱平均相对分子质量的测定——气相色谱法
QB/T 1914—2013	脂肪烷基三甲基卤化铵及脂肪烷基二甲基苄基卤化铵平均相对分子质量的测定——气相色谱法
QB/T 4530—2013	卡波树脂
QB/T 4533—2013	脂肪烷基三甲基硫酸甲酯铵
QB/T 4534—2013	脂肪烷基酰胺丙基二甲基胺

参 考 文 献

[1] 夏纪鼎, 倪永全. 表面活性剂和洗涤剂化学与工艺学. 北京: 轻工业出版社, 1997.

[2] 崔正刚. 表面活性剂、胶体与界面化学基础. 北京: 化学工业出版社, 2013.

[3] 无锡轻工大学. 精细化工工艺实验讲义. 1999.

[4] 曹玉华. 化妆品分析. 江南大学化学与材料工程学院. 2002.

[5] 王荣民, 杜正银. 化学化工信息及网络资源的检索与利用. 北京: 化学工业出版社, 2012.

[6] 吴有炜. 试验设计与数据处理. 江苏: 苏州大学出版社, 2002.

[7] 北京大学化学与分子工程学院实验室安全技术教学组. 化学实验室安全知识教程. 北京: 北京大学出版社, 2012.

[8] 冯辉霞, 王毅, 张德懿等. 工程化学实验. 北京: 科学出版社, 2009.

[9] 颜红侠. 现代精细化工实验. 陕西: 西北工业大学出版社, 2015.

[10] 李忠铭. 化学工程与工艺专业实验. 湖北: 华中科技大学出版社, 2013.

[11] 张雅明, 谷和平, 丁健等. 化学工程与工艺实验. 江苏: 南京大学出版社, 2006.

[12] 乐清华. 化学工程与工艺专业实验. 北京: 化学工业出版社, 2008.

[13] 方云. 两性表面活性剂. 北京: 轻工业出版社, 2001.

[14] 刘雪锋. 表面活性剂、胶体与界面化学实验. 北京: 化学工业出版社, 2017.

[15] 李浙齐. 精细化工实验. 北京: 国防工业出版社, 2009.

[16] 方云, 崔正刚, 刘学民等译. 工业磺化/硫酸化生产技术. 北京: 中国轻工业出版社, 1993.

[17] 熊远钦, 邱仁华. 日用化学品技术及安全. 北京: 化学工业出版社, 2016.

[18] 焦学瞬, 张春霞, 张宏忠等. 表面活性剂分析. 北京: 化学工业出版社, 2009.

[19] 夏清, 贾绍义. 化工原理(下册). 天津: 天津大学出版社, 2012.

[20] 化学工程手册编委会. 化学工程手册, 第 1 篇, 化工基础数据. 北京: 化学工业出版社, 1980.

[21] 天津大学等. 化工传递过程. 北京: 化学工业出版社, 1980.

[22] 浙江大学, 华东化工学院. 化学反应工程. 北京: 化学工业出版社, 1980.

[23] 朱自强, 徐汛. 化工热力学, 第 2 版. 北京: 化学工业出版社, 1991.

[24] Vapour H P. Liquid Equilibrium. Oxford: Pergamon Press Ltd., 1967.

[25] 段占庭等. 清华大学科学研究成果汇编. 北京: 清华大学科技处, 1986.

[26] 刘光永. 化工开发实验技术. 天津: 天津大学出版社, 1994.

[27] 陈洪钫, 刘家祺. 化工分离过程. 北京: 化学工业出版社, 1995.

[28] 金克新, 赵传钧, 马沛生. 化工热力学. 天津: 天津大学出版社, 1990.

[29] King C J. Separation Processes. 2nd, New York: McGraw-Hill, 1980.

[30] 赵汝傅, 管国锋. 化工原理. 北京: 化学工业出版社. 1999.

[31] 雷志刚, 周荣琪. 溶剂加盐对醇水汽液平衡的影响. 精细化工, 2000, 17(5): 307-309.

[32] 罗斯 L M. 实用精馏设计. 北京: 化学工业出版社, 1993.

[33] 郭天民. 多元汽液平衡和精馏. 北京: 化学工业出版社, 1983.

[34] 房鼎业等. 化学工程与工艺专业实验. 北京: 化学工业出版社, 2000.

[35] 许开天. 酒精蒸馏技术. 北京: 轻工业出版社, 1990.

[36] GB 9985—2000. 手洗餐具用洗涤剂.

[37] QB/T 1224—2012. 衣料用液体洗涤剂.

[38] GB/T 34855—2017. 洗手液.

[39] GB/T 29679—2013. 洗发液、洗发膏.

[40] GB/T 13171.1—2009. 洗衣粉(含磷型).

[41] GB/T 13171.2—2009. 洗衣粉(无磷型).

[42] GB/T 13174—2008. 衣料用洗涤剂去污力及循环洗涤性能的测定.

[43] GB/T 15816—1995. 洗涤剂和肥皂中总二氧化硅含量的测定——重量法.

[44] GB/T 15817—1995. 洗涤剂中无机硫酸盐含量的测定——重量法.

[45] GB/T 26396—2011. 洗涤用品安全技术规范.

[46] GB/T 5173—1995. 表面活性剂和洗涤剂阴离子活性物的测定——直接两相滴定法.

[47] GB/T 5174—2004. 表面活性剂洗涤剂阳离子活性物含量的测定.

[48] GB/T 5549—2010. 表面活性剂用拉起液膜法测定表面张力.

[49] GB/T 5561—2012. 表面活性剂用旋转式粘度计测定粘度和流动性质的方法.

[50] GB/T 6366—2012. 表面活性剂无机硫酸盐含量的测定——滴定法.

[51] GB/T 6368—2008. 表面活性剂水溶液 pH 值的测定——电位法.

[52] GB/T 6370—2012. 表面活性剂阴离子表面活性剂水中溶解度的测定.

[53] GB/T 6371—2008. 表面活性剂纺织助剂洗涤力的测定.

[54] GB/T 6372—2006. 表面活性剂和洗涤剂样品分样法.

[55] GB/T 6373—2007. 表面活性剂表观密度的测定.

[56] GB/T 7378—2012. 表面活性剂碱度的测定——滴定法.

[57] GB/T 7383—2007. 非离子表面活性剂羟值的测定.

[58] GB/T 7462—1994. 表面活性剂发泡力的测定——改进 RossMiles 法.

[59] GB/T 7494—1987. 水质阴离子表面活性剂的测定——亚甲蓝分光光度法.

[60] GB/T 12028—2006. 洗涤剂用羧甲基纤维素钠.

[61] GB/T 20199—2006. 表面活性剂工业烷烃磺酸盐烷烃单磺酸盐含量的测定(直接两相滴定法)

[62] 井涛, 张忠诚, 刘嘉丽等. 烷基糖苷合成反应终点的鉴定方法. 应用化工, 2007, (1): 81-83.

[63] 张彪. 洗涤剂配方剖析技巧. 中国洗涤用品工业, 2013(2): 79-83.

[64] 刘晓英, 台秀梅, 王天壮等. 洗衣粉的组分剖析. 日用化学品科学, 2015, 38(10): 45-48, 52.

[65] 姚志钢, 谢佐才, 戴云信. 氨基磺酸法合成 AESA 研究. 邵阳高等专科学校学报, 2001(3): 191-194.

[66] Wu W L, Zhang Y M, Lu X H, et al. Modification of the Furter equation and correlation of the vapor-liquid equilibrium for mixed-solvent electrolyte systems. Fluid Phase Equilibria, 1999, 154(2): 301-310.

[67] Gamehling J, Onken H. VLE Data Collection, Aqueous-organic system Vol 1, part 1. Germany: DECHEM, 1977.

[68] 王彪, 王熙庭, 徐国辉等. 乙酸和醋酸酯加氢制乙醇技术进展. 天然气化工, 2013, 38(3): 79-832.

[69] Okumura K, Asakura K, Iwasawa Y. Structural transformation and low-pressure catalysis for ethyl acetate hydrogenation of Rh/one-atomic-layer GeO_2/SiO_2. Journal of Physical Chemistry B. 1997, 101(48): 9984-9990.